GANSU 0.4kV JIAKONG PEIDIAN XIANLU JIEHUXIAN
DIANXING SHEJI

甘肃 0.4kV 架空配电线路接户线

典型设计

国网甘肃省电力公司　组编

中国电力出版社
CHINA ELECTRIC POWER PRESS

图书在版编目（CIP）数据

甘肃 0.4kV 架空配电线路接户线典型设计/国网甘肃省电力公司组编. -- 北京：中国电力出版社，2025.8.
ISBN 978-7-5239-0054-3

Ⅰ．TM726.3

中国国家版本馆 CIP 数据核字第 20258KH349 号

出版发行：中国电力出版社		印　　刷：三河市航远印刷有限公司	
地　　址：北京市东城区北京站西街 19 号（邮政编码：100005）		版　　次：2025 年 8 月第一版	
网　　址：http://www.cepp.sgcc.com.cn		印　　次：2025 年 8 月北京第一次印刷	
责任编辑：周秋慧　胡　帅		开　　本：880 毫米×1230 毫米　横 16 开本	
责任校对：黄　蓓　郝军燕		印　　张：7.5	
装帧设计：王红柳		字　　数：269 千字	
责任印制：石　雷		定　　价：200.00 元	

《甘肃 0.4kV 架空配电线路接户线典型设计》
编 委 会

工 作 组

典型设计背景及设计过程、概述、典型设计的依据

审　　　核：朱建军　张柏林　冯　侃

设计总工程师：张小勇　杨毅东

校　　　核：李　玺

编　　　写：贾鹏飞　陈青云

220V 架空接户方案、220V 杆上接户方案

审　　　核：张小勇

设计总工程师：丁　强

校　　　核：黄亚飞

编　　　写：李　玺　李雪垠　邹大鹏　张应林　徐　亮　朱永康
　　　　　　朱　刚　何沛贤　李永清　支瑞峰

380V 架空接户方案、380V 杆上接户方案

审　　　核：杨毅东

设计总工程师：丁　强

校　　　核：陈佳黎

编　　　写：马海燕　赵　芳　田　林　黄亚飞　唐和明　郭龙龙
　　　　　　王健力　李　渤　吴栋梁

380V 电缆接户方案、380V 楼内接户方式

审　　　核：王来奎

设计总工程师：王永学

校　　　核：贾鹏飞

编　　　写：张　弘　翟双德　张立鼎　李自乾　孟凡奇　高佑龙
　　　　　　王广升　左琪刚　黄宝财

防雷及接地、架空配电网接户线典型安装图册设计实施方案

审　　　核：周　虎

设计总工程师：张栋林

校　　　核：夏　旺

编　　　写：魏明洲　康　建　马　喆　张　鹏　余进军　于　龙
　　　　　　吴登俭　马龙泰　闫彦龙

序

　　甘肃省位于中国西部地区，境内地形复杂，山脉纵横交错，城市、乡镇等人口密集区大多数位于山谷沟壑，城市、乡镇小巷道众多，低压配电网建设受地形限制，地域特色明显。

　　近年来，随着城镇化进度加快，老旧小区、安置区及背街巷道低压线路私拉乱接、接户线凌乱、线路老化严重、"飞线""蜘蛛网"、房线矛盾等问题突出，既影响市容市貌，又存在安全隐患，故障报修多、电能质量差、客户用电感知不高。国网甘肃省电力公司秉持"为政府分忧、为客户解难、为民生服务"的工作思路，结合甘肃省人民政府市容市貌整治和创建文明城市契机，大力开展配电网"最后一百米"暨老旧巷道供电线路专项治理行动，彻底整治0.4kV架空配电线路接户线顽疾问题，巷道线缆乱象得到有效治理，不仅优化了人居环境、提升城市文明形象、满足客户用电需求、增加客户服务满意度，还提升了国网甘肃省电力公司社会形象及优质服务水平，专项行动获得当地政府表扬肯定、居民群众一致好评。

　　为持续做好甘肃省0.4kV架空配电线路接户线改造，深入解决老旧巷道低压供电线路存在的问题，提升0.4kV架空配电线路接户线改造及运维质效，在国网甘肃省电力公司配网管理部的统一安排下，国网平凉供电公司具体负责实施，国网兰州、天水、白银等供电公司积极配合，对甘肃省0.4kV架空配电线路接户线改造情况采用实地考察、咨询交流、印发调研函、召开视频会等方式进行充分调研，精心选择多年设计成果及各市州供电公司先进经验，编制完成《甘肃0.4kV架空配电线路接户线典型设计》。该典型设计以工程应用为重点、以工程设计为核心，采用模块化设计手段，因地制宜、紧密联系甘肃配电网建设实际，为甘肃省0.4kV架空配电线路接户线统一建设标准、统一设备选型、提高设计和建设质量、降低建设和运行成本提供坚强的技术支撑。

2025 年 4 月

前　　言

　　为做好甘肃省0.4kV架空配电线路接户线改造工作，国网甘肃省电力公司配网管理部在《国家电网有限公司220/380V配电网工程典型设计（2018年版）》的研究成果基础上，结合甘肃省0.4kV架空配电线路接户线的建设特点及配电网建设改造标准物料目录，组织开展了《甘肃0.4kV架空配电线路接户线典型设计》的相关研究和编制，重点进行0.4kV架空配电线路接户线改造原则、技术方案、标准物料选择等方面的研究论证及典型设计。

　　《甘肃0.4kV架空配电线路接户线典型设计》适合甘肃省配电网建设实际，总结了甘肃省各市州设计、建设工作的先进经验，具有统一规划、技术先进、安全可靠、经济合理、节能环保、方便施工和运行的特点。本典型设计以实用和方便为原则，以数据、表格、技术规范书为表现形式，内容简明、通俗易懂。甘肃省0.4kV架空配电线路接户线新建及改造，在确保工程质量和安全供电的原则下，参考本典型设计执行。本典型设计重点对0.4kV架空配电线路接户线设计流程、各设计阶段深度做了明确要求，建立工程设计整体概念且达到施工图深度，在满足典型设计及标准物料目录的条件下，施工图纸可直接采用，统一了设计标准，降低了设计难度，方便设计人员掌握全部工程设计程序和内容。

　　由于编者水平有限，不足和遗漏在所难免，敬请各位读者批评指正。

编　者

2025 年 4 月

目　　录

总　　论

第1章　概　　述

推动配电网智慧化、交互化发展，落实现代设备管理体系建设要求，充分考虑能源转型发展、智慧城市建设、高效互动服务需求，是全面发展提升型城市配电网建设目标，高质量建设适应新型电力系统发展方向、具有"清洁低碳、安全可靠、经济高效"特征的城市配电网的重要举措。

1.1　典型设计的背景

随着甘肃省经济建设的大力发展，城市化进程步伐加快，而 0.4kV 接户水平整体不高，设备规格型号多样且各市州标准不一，与配电网高可靠性供电要求还存在差距。为与此相适应，建设好技术标准统一、设备选型一致的 0.4kV 接户线路，国网甘肃省电力公司在整合、总结已有 0.4kV 接户线路设计、施工、运行经验的基础上，系统性开展了 0.4kV 接户线路全过程典型设计研究，并最终形成本典型设计成果。

1.2　典型设计的内容

《甘肃 0.4kV 架空配电线路接户线典型设计》是国网甘肃省电力公司配电网标准化建设工作主要成果之一，全篇分为 220V、380V 两类 7 个模块 57 个小单元。

第一篇为总论，包含概述、典型设计工作过程、设计依据。

第二篇为典型设计方案及图纸，包含架空接户方案、电缆接户方案、楼内接户方案等。

1.3　典型设计的必要性

《甘肃 0.4kV 架空配电线路接户线典型设计》是推进配电网标准化建设、助力配电网数字化升级的重要手段之一。推广应用典型设计对强化配电网工程精细化管理水平、提高配电网工程质量、提高配电网供电可靠性、建设"清洁低碳、安全可靠、经济高效"特征的城市配电网具有重要意义。

1.4　典型设计的目的

编制典型设计的目的一是统一建设标准，统一设备选型；二是提高配电线路的抗灾能力，提高设计水平和建设质量；三是方便运行维护，方便设备材料采购；提高工作效率，降低建设和运行成本；四是发挥规模优势，提高整体效益。

配电网具有建设规模大、点多面广、设备种类繁多、分布范围广、地域差异大、形式多样等特点。为进一步提高 0.4kV 接户线路工程建设能力，深入推广标准化设计模式，推进接户线路建设方式转变，加强线路设计、设施的整体标准化水平和技术原则的统一，对接户线路设计技术的推广应用及电网标准化建设、降低全寿命周期成本具有重要意义。

1.5　典型设计的原则

典型设计的总体设计原则是统一规划，技术先进，安全可靠，经济合理，节能环保，方便施工、运行；做到统一性、适应性、可靠性和灵活性的协调统一。

（1）统一性：设计标准统一，建设标准统一。

（2）适应性：综合考虑不同地区的实际情况，在国网甘肃省电力公司系统中具有广泛的适应性，并能在一定时间内满足不同规模、不同形式、不同外部条件的工程使用。

（3）可靠性：各个模块及模块拼接得到的技术方案均满足有关标准及规范要求，确保各设计模块安全可靠。

（4）灵活性：典型设计模块划分合理，接口灵活，组合方案多样，增减方便。

1.6 典型设计的组织形式

成立《甘肃0.4kV架空配电线路接户线典型设计》编委会，牵头单位为国网甘肃省电力公司配网管理部，主要负责制订工作计划，督导编制工作进度，审查工作成果。

成立《甘肃0.4kV架空配电线路接户线典型设计》编写组，组织国网平凉供电公司、平凉电力设计咨询有限责任公司相关技术人员开展典型设计的研究和编制工作。

1.7 典型设计的工作方式

（1）统一组织、分工负责、充分调研、择优集成。
（2）加强协调、团结合作、控制进度、按期完成。
（3）以工程应用为重点、以工程设计为核心。
（4）采用模块化设计手段，推进标准化设计。

1.8 典型设计的设计深度和成果

重点对0.4kV接户线路设计流程、各设计阶段深度做了明确要求，以便设计人员掌握全部工程设计程序及相应编制的内容，建立工程设计整体概念，并以此来对照所编制的设计文件内容是否齐全、是否满足设计深度要求。

成果内容主要包括：
（1）220V架空接户方案。

（2）220V杆上接户方案。
（3）380V架空接户方案。
（4）380V杆上接户方案。
（5）380V电缆接户方案。
（6）380V楼内接户方式。
（7）防雷及接地。
（8）架空配电网接户线典型安装图册设计实施方案。

1.9 典型设计工作过程

1.9.1 前期阶段

2023年5~8月，编制组收集、汇总近年来平凉、兰州、天水、白银等地区0.4kV架空配电网接户线设计、应用情况及相关制度、标准，为典型设计编制做好前期准备工作。

1.9.2 技术原则编制阶段

2023年9月，组织专家编制、审定《甘肃0.4kV架空配电线路接户线典型设计》技术原则。

1.9.3 设计成果编制评审阶段

2023年10月~2024年4月，编制组组织召开多次修编工作会议及专家研讨会，完成初稿编制。

2024年5~6月，组织全省专家进行初步评审，形成审查意见，编制组修改完善。

2024年7~10月，组织专家在前期审查修改的基础上进行设计重点审查，10月底基本完成最终编制及设计计算，具备全面审查条件。

2024年12月，全面完成修编定稿。

第 2 章　典 型 设 计 的 依 据

2.1 设计依据性文件

《国家电网公司配电网工程典型设计》
《国家电网380/220V配电网工程典型设计（2018年版）》

2.2 主要设计标准、规程规范

DL/T 448《电能计量装置技术管理规程》
DL/T 499《农村低压电力技术规程》
DL/T 599《中低压配电网改造技术导则》

DL/T 601《架空绝缘配电线路设计技术规程》

DL/T 758《接续金具》

DL/T 765.1《架空配电线路金具　第 1 部分：通用技术条件》

DL/T 765.3《架空配电线路金具　第 3 部分：额定电压 35kV 及以下架空绝缘导线金具》

DL/T 768.7《电力金具制造质量钢铁件热镀锌层》

DL/T 802《电力电缆用导管技术条件》

DL/T 825《电能计量装置安装接线规则》

DL/T 5118《农村电力网规划设计导则》

DL/T 5220《10kV 及以下架空配电线路设计技术规范》

Q/GDW 1572《计量用低压电流互感器技术规范》

Q/GDW 1738《配电网规划设计技术导则》

Q/GDW 10347《电能计量装置通用设计规范》

Q/GDW 11008《低压计量箱技术规范》

Q/GDW 11370《配电网技术导则》

GB 2952《电缆外护层》

GB 4208《外壳防护等级（IP 代码）》

GB 7251《低压成套开关设备和控制设备》

GB 13955《剩余电流动作保护装置安装和运行》

GB 50028《城镇燃气设计规范（2020 版)》

GB 50052《供配电系统设计规范》

GB 50065《交流电气装置的接地设计规范》

GB 50168《电气装置安装工程电缆线路施工及验收标准》

GB 50169《电气装置安装工程　接地装置施工及验收规范》

GB 50173《电气装置安装工程 66kV 及以下架空电力线路施工及验收规范》

GB 50217《电力工程电缆设计标准》

GB 50260《电力设施抗震设计规范》

GB/T 1179《圆线同心绞架空导线》

GB/T 12527《额定电压 1kV 及以下架空绝缘电缆》

第二篇

典型设计方案及图纸

第 3 章　220V 架空接户方案

3.1　设计说明

3.1.1　导线选型

（1）220V 接户线指配电线路与用户建筑物外第一支持点之间的一段线路。架空接户线推荐采用绝缘导线（JKLYJ 型）。

（2）接户线不应采用聚氯乙烯绝缘导线（BLV、BV 型）。

3.1.2　截面积选用

（1）220V 接户线的导线截面积应根据导线允许载流量选择，每户用电容量可按城镇不低于 5kW、一般乡村不低于 3kW 确定。选择接户线截面积时应留有裕度，以备可预见的户数增加。

（2）接户线采用铝芯绝缘导线，最小截面积不宜小于 16mm^2。

（3）中性线（零线）截面积应与相线截面积相同。

（4）220V 导线型号选取、安全系数及允许最大直线转角角度见表 3-1。

表 3-1　220V 导线型号选取、安全系数及允许最大直线转角角度

导线型号	导线型号	安全系数			导线允许最大直线转角角度
		A 区	B 区	C 区	
380/220V 绝缘铝导线	JKLYJ-1/16	3	2.5	2.5	15°
	JKLYJ-1/35	3.8	3.2	3.2	15°
	JKLYJ-1/70	4.5	4	4	15°

不同型号导线的参数见表 3-2。

表 3-2　不同型号导线的参数

型号	JKLYJ-1-16	JKLYJ-1-35	JKLYJ-1-70
铝芯规格	7×1.75	7×2.52	19×2.25
绝缘厚度（mm）	1.2	1.2	1.4
截面积（mm^2）	16.84	36.85	75.55
外径（mm）	8	11	13.2
单位质量（kg/km）	70	130	241
综合弹性系数（MPa）	59000	59000	56000
线膨胀系数（1/℃）	0.00023	0.00023	0.000023
计算拉断力（N）	2517	5177	10354

3.1.3　绝缘子选取与使用

绝缘子选用 ED 型蝶式瓷绝缘子。

3.1.4　接户线装置方式

本章为 220V 架空线接户线部分，包含了架空接户、沿墙敷设接户 2 类共 7 个方案。具体分别为 220V 分列导线架空单边接户、220V 分列导线架空双边接户、220V 分列导线门型垂直布线沿墙敷设、220V 分列导线轴式绝缘子垂直布线沿墙敷设、220V 分列导线低压复合横担垂直布线沿墙敷设、220V 分列导线水平布线沿墙敷设、220V 分列导线水平布线沿墙敷设（低压复合横担）。

3.2　设备（装置）的技术要求及说明

接户线架设要求如下：

（1）220V接户线的档距不宜大于25m，超过25m时宜设接户杆。当距离较长、截面积较大时，宜采取松弛张力放线。

（2）220V接户线受电端的对地面垂直距离不应小于2.7m。

（3）220V沿墙敷设的接户线两支持点间的距离不应大于6m，耐张段宜控制在20～30m范围内。220V沿墙敷设接户线的对地垂直距离不小于2.7m。

（4）低压计量箱安装应注意防雨，在保证安全的条件下，安装后箱体与地面距离不应小于2m。

（5）跨越街道的接户线至路面中心的垂直距离不应小于下列数值：

1）通车街道，6m；

2）通车困难的街道、人行道，3.5m；

3）不通车的人行道、胡同（里、弄、巷），3m。

（6）低压接户线与建筑物有关部分的距离，不应小于下列数值：

1）接户线与下方窗户的垂直距离，0.3m；

2）接户线与上方阳台或窗户的垂直距离，0.8m；

3）与阳台或窗户的水平距离，0.75m；

4）与墙壁、构架的距离，0.05m。

（7）低压接户线与弱电线路的交叉距离，不应小于下列数值：

1）低压接户线在弱电线路的上方，0.6m；

2）低压接户线在弱电线路的下方，0.3m。

如不能满足上述要求，应采取隔离措施。

（8）接户线与线路导线若为铜铝连接，应有可靠的铜铝过渡措施。不同金属、不同规格、不同绞向的接户线严禁在档距内连接。跨越通车街道的接户线，不应有接头。

（9）沿墙敷设时距天然气水平净距不小于0.25m，交叉时净距不小于0.1m，当明装电线加绝缘套管且套管的两端各伸出燃气管道10cm时，套管与燃气管道的交叉净距可降至1cm。该数据出自GB 50028—2006。

3.3 功能要求

满足用户需求，经济、安全、可靠，预留发展空间。

3.4 边界条件

起于引线T接处，止于用户电能表前端。

3.5 接户方案图纸

220V接户线架空接户线接户方式设计图如图3-1～图3-27所示。

杆上T接

绝缘子绑扎

模块2 侧装俯视图

墙侧安装

计量箱

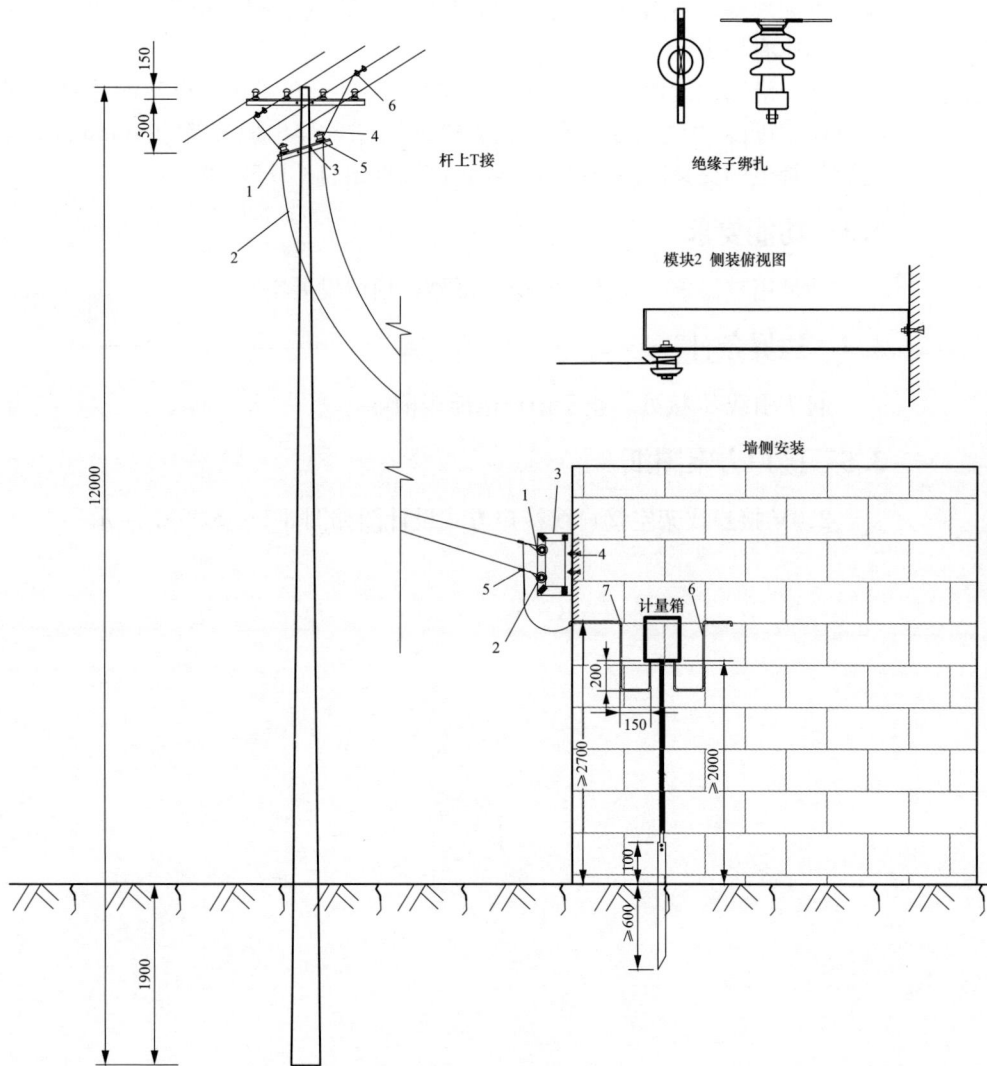

杆上T接材料表

编号	物料编码	材料名称	规格型号	加工图图号	固化ID	材料类型	数量	单位	单重(kg)	备注
1		引线横担	∠50×5×700	图3-19		铁附件	1	根	3.12	
2	500027442	绝缘导线	JKLYJ-1-16		A171-50005 7753-00001		2	根		按实际需求选取（推荐50m）
3		U形抱箍	U16-220			铁附件	1	套	1.26	
4	500017325	蝶式绝缘子	ED-2		G002-50001 7324-00001	绝缘子	2	只		
5		螺栓	M16×100（两垫一帽）			铁附件	2	套	0.26	
6		线夹	JH线夹				4	只		

墙侧安装材料表

编号	物料编码	材料名称	规格型号	加工图图号	固化ID	材料类型	数量	单位	单重(kg)	备注
1	500017325	蝶式绝缘子	ED-2		G002-50001 7324-00001	绝缘子	2	只		
2		螺栓	M16×100（两垫一帽）			铁附件	2	套	0.26	
3		二线垂直布线支架	∠50×5×300	图3-21		铁附件	1	套	5.50	
4		膨胀螺栓	M12×80/100			铁附件	2	只		
5		线夹	JH线夹				2	只		
6		CPVC穿线管	φ32				8	m		
7		CPVC管弯头	φ32，90°弯头				8	个		

说明:1.线夹、蝶式绝缘子等根据单线截面积进行调整；
　　　2.所有铁附件均热镀锌防腐；
　　　3.如采用金属计量箱时必须可靠接地；
　　　4.支架高度应保持一致，并满足接户线对地净高大于2.7m，两支持点间距尽量均匀，最大不超过6m；
　　　5.模块2正装示意图所用材料与模块2侧装材料相同；
　　　6.若房屋高度不足造成对地距离不足可将墙支架水平180°平移安装。

图 3-1　220V 分裂导线架空单边接户方式示意图（12m）

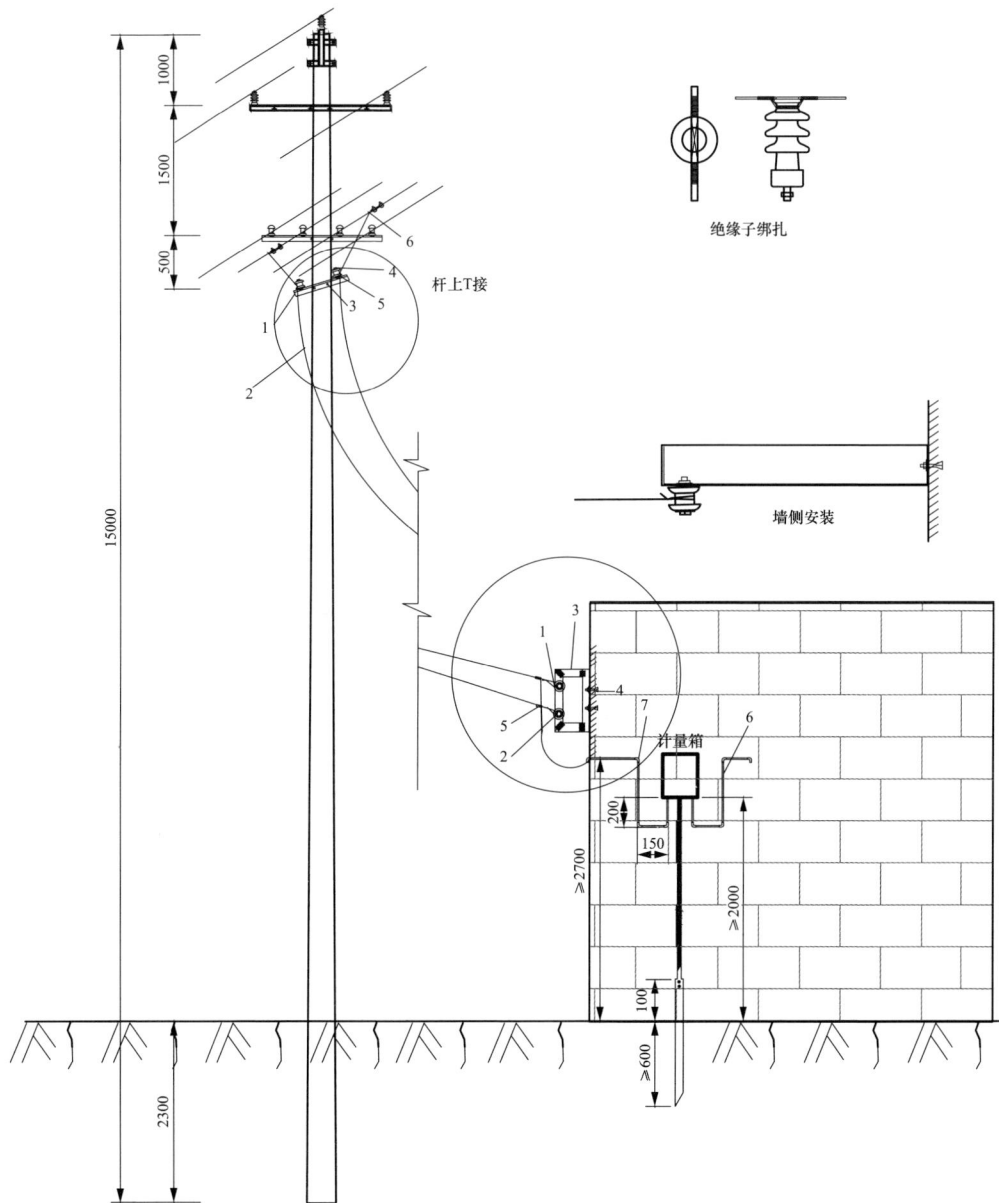

绝缘子绑扎

杆上T接

墙侧安装

计量箱

杆上T接材料表

编号	物料编码	材料名称	规格型号	加工图图号	固化ID	材料类型	数量	单位	单重(kg)	备注
1		引线横担	∠50×5×700	图3-19		铁附件	1	根	3.12	
2	500027442	绝缘导线	JKLYJ-1-16		A171-50005 7753-00001		2	根	0.00	按实际需求选取(推荐50m)
3		U形抱箍	U16-230			铁附件	1	套	1.30	
4	500017325	蝶式绝缘子	ED-2		G002-50001 7324-00001	绝缘子	2	只	0.00	
5		螺栓	M16×100 (两垫一帽)			铁附件	2	套	0.26	
6		线夹	JH线夹				4	只		

墙侧安装材料表

编号	物料编码	材料名称	规格型号	加工图图号	固化ID	材料类型	数量	单位	单重(kg)	备注
1	500017325	蝶式绝缘子	ED-2		G002-50001 7324-00001	绝缘子	2	只		
2		螺栓	M16×100 (两垫一帽)			铁附件	2	套	0.26	
3		二线垂直布线支架	∠50×5×300	图3-21		铁附件	1	套	5.50	
4		膨胀螺栓	M12×80/100			铁附件	2	只		
5		线夹	JH线夹				2	只		
6		CPVC穿线管	φ32				8	m		
7		CPVC管弯头	φ32，90°弯头				8	个		

说明：1.线夹、蝶式绝缘子等根据单线截面积进行调整；
2.所有铁附件均热镀锌防腐；
3.如采用金属计量箱时必须可靠接地；
4.支架高度应保持一致，并满足接户线对地净高大于2.7m，两支持点间距尽量均匀，最大不超过6m；
5.模块2正装示意图所用材料与模块2侧装材料相同；
6.若房屋高度不足造成对地距离不足可将墙支架水平180°平移安装。

图3-2　220V分裂导线架空单边接户方式示意图（15m）

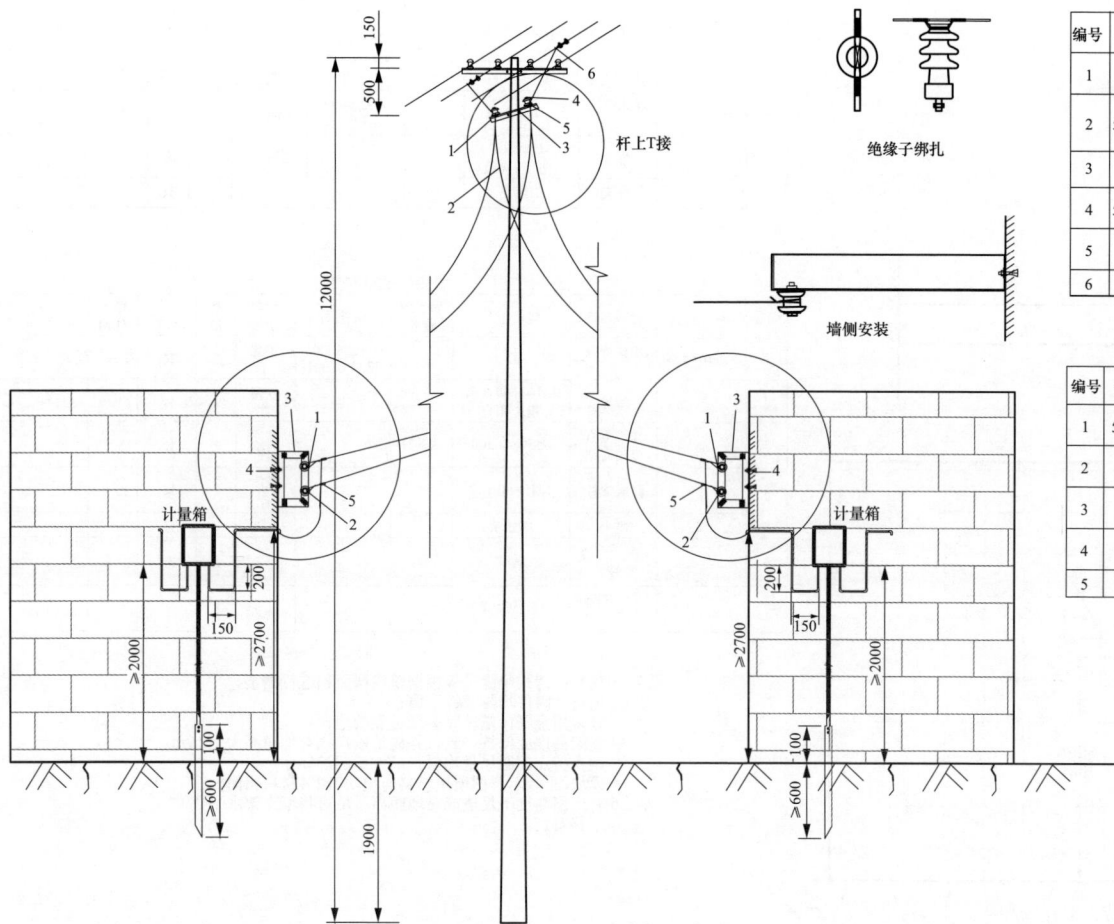

杆上T接材料表

编号	物料编码	材料名称	规格型号	加工图图号	固化ID	材料类型	数量	单位	单重(kg)	备注
1		引线横担	∠50×5×700	图3-19		铁附件	1	根	3.12	
2	500027442	绝缘导线	JKLYJ-1-16		A171-50005 7753-00001		4	根	0.00	按实际需求选取(推荐50m)
3		U形抱箍	U16-220			铁附件	1	套	1.26	
4	500017325	蝶式绝缘子	ED-2		G002-50001 7324-00001	绝缘子	2	只	0.00	
5		螺栓	M16×100 (两垫一帽)			铁附件	2	套	0.26	
6		线夹	JH线夹				8	只		

墙侧安装材料表

编号	物料编码	材料名称	规格型号	加工图图号	固化ID	材料类型	数量	单位	单重(kg)	备注
1	500017325	蝶式绝缘子	ED-2		G002-50001 7324-00001	绝缘子	4	只		
2		螺栓	M16×100 (两垫一帽)			铁附件	4	套	0.26	
3		二线垂直布线支架	∠50×5×300	图3-21		铁附件	2	套	5.50	
4		膨胀螺栓	M12×80/100			铁附件	4	只		
5		线夹	JH线夹				4	只		

说明:1.线夹、蝶式绝缘子等根据单线截面积进行调整;
2.所有铁附件均热镀锌防腐;
3.如采用金属计量箱时必须可靠接地;
4.支架高度应保持一致,并满足接户线对地净高大于2.7m,两支持点间距尽量均匀,最大不超过6m;
5.模块2正装示意图所用材料与模块2侧装材料相同;
6.若房屋高度不足造成对地距离不足可将墙支架水平180°平移安装。

杆上T接

绝缘子绑扎

墙侧安装

计量箱

图 3-3 220V 分列导线架空双边接户方式示意图 (12m)

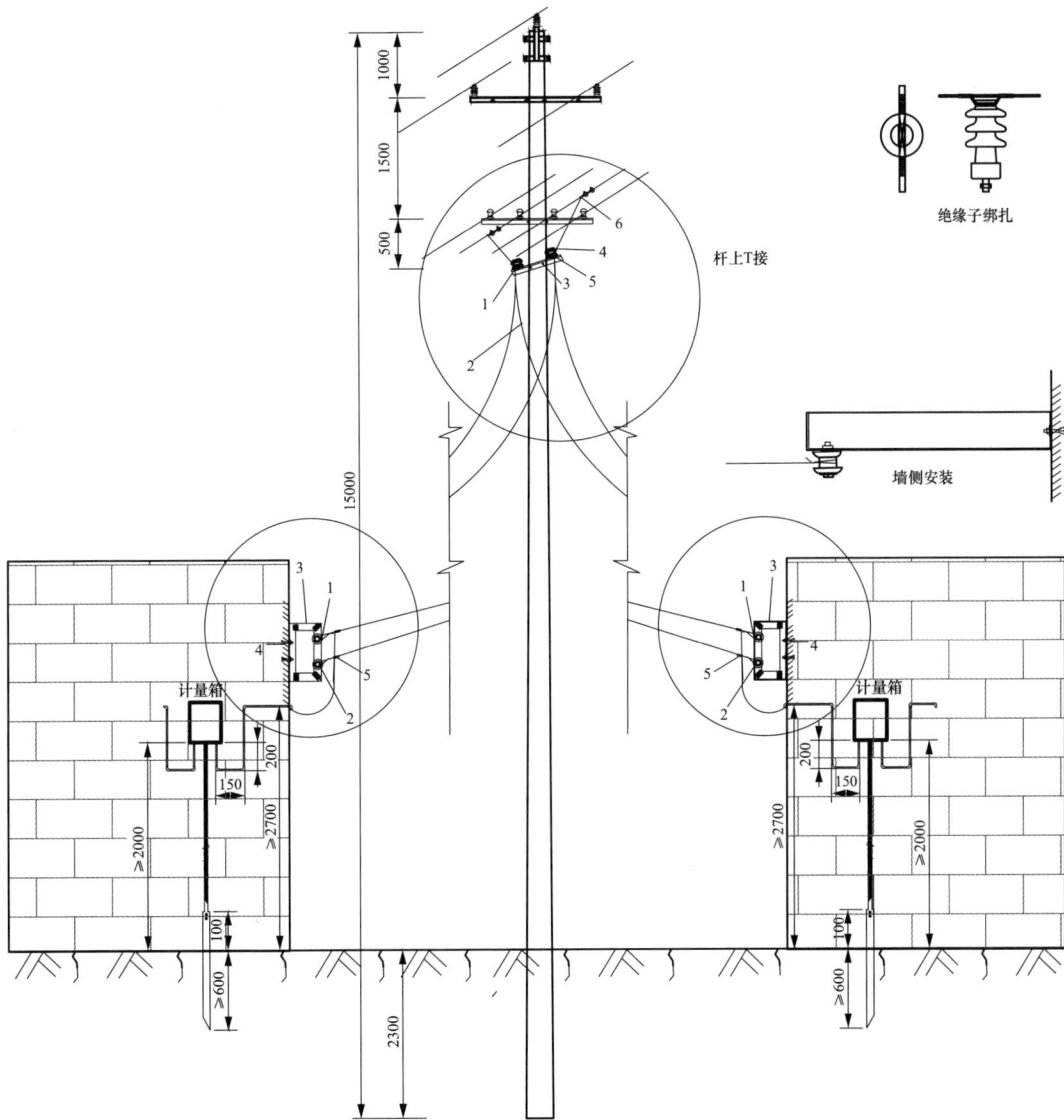

杆上T接材料表

编号	物料编码	材料名称	规格型号	加工图图号	固化ID	材料类型	数量	单位	单重(kg)	备注
1		引线横担	∠50×5×700	图3-19		铁附件	1	根	3.12	
2	500027442	绝缘导线	JKLYJ-1-16		A171-50005 7753-00001		4	根	0.00	按实际需求选取
3		U形抱箍	U16-230			铁附件	1	套	1.30	
4	500017325	蝶式绝缘子	ED-2		G002-50001 7324-00001	绝缘子	2	只	0.00	
5		螺栓	M16×100(两垫一帽)			铁附件	2	套	0.26	
6		线夹	JH线夹				8	只		

墙侧安装材料表

编号	物料编码	材料名称	规格型号	加工图图号	固化ID	材料类型	数量	单位	单重(kg)	备注
1	500017325	蝶式绝缘子	ED-2		G002-50001 7324-00001	绝缘子	4	只		
2		螺栓	M16×100(两垫一帽)			铁附件	4	套	0.26	
3		二线垂直布线支架	∠50×5×300	图3-21		铁附件	2	套	5.50	
4		膨胀螺栓	M12×80/100			铁附件	4			
5		线夹	JH线夹				4	只		

说明:1.线夹、蝶式绝缘子等根据单线截面积进行调整;
2.所有铁附件均热镀锌防腐;
3.如采用金属计量箱时必须可靠接地;
4.支架高度应保持一致,并满足接户线对地净高大于2.7m,两支持点间距尽量均匀,最大不超过6m;
5.模块2正装示意图所用材料与模块2侧装材料相同;
6.若房屋高度不足造成对地距离不足可将墙支架水平180°平移安装。

图3-4　220V分列导线架空双边接户方式示意图(15m)

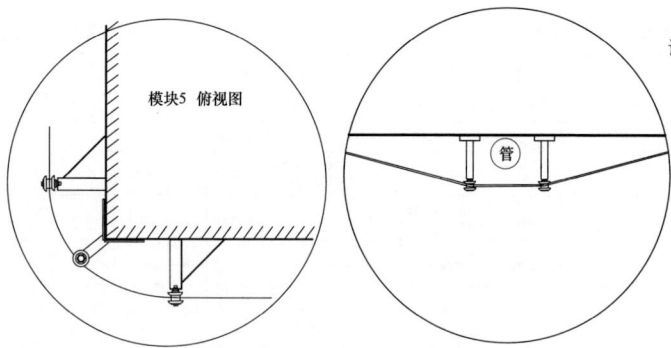

说明:1.支架高度应保持一致，并满足接户线对地净高大于2.5m，两支持点间距应尽量均匀，建议安置组间4~5m，最大不超过6m;
2.所有铁件均采用热镀锌防腐;
3.如采用金属计量箱时必须可靠接地;
4.与天然气管道平行接户线距天然气管道净距不小于0.25m，与天然气管道交叉时交叉净距不小于0.1m。当明装电线加绝缘套管且套管的两端各伸出燃气管道10cm时，套管与燃气管道的交叉净距可降至1cm（出自GB 50028——2006）;
5.中压燃气管道压力为0.01<P<0.2MPa；低压燃气管道压力为P<0.01MPa。

模块5 俯视图

B—B

模块5示意图

材料表

材料分类	物料编码	材料名称	规格型号	加工图图号	固化ID	材料类型	数量	单位	单重(kg)	备注
二线沿墙垂直敷设一直线		二线垂直布线支架	∠50×5×300	图3-17		铁附件	1	套	5.50	
	500017325	蝶式绝缘子	ED-2		G002-50001 7324-00001	绝缘子	2	只	0.00	
	500027442	绝缘导线	JKLYJ-1-16		A171-50005 7753-00001		2	根		按实际需求选取
	500014805	布电线	布电线，BV，铜，2.5，1		G002-50001 4805-00004		4	m	0.00	绑扎线（定额包含物料）
		螺栓	M16×100（两垫一帽）			铁附件	2	套	0.26	
		膨胀螺栓	M12×80/100			铁附件	2	只	0.00	
二线沿墙垂直敷设一转角		二线垂直布线支架	∠50×5×300	图3-21		铁附件	2	套	5.50	
	500017325	蝶式绝缘子	ED-2		G002-50001 7324-00001	绝缘子	6	只	0.00	
		圆钢	φ16×310	图3-21		铁附件	4	套	0.49	
		转角两线支架		图3-23		铁附件	1	套	6.10	
	500027442	绝缘导线	JKLYJ-1-16		A171-50005 7753-00001		2	根	0.00	按实际需求选取
	500014805	布电线	布电线，BV，铜，2.5，1		G002-50001 4805-00004		12	m	0.00	绑扎线（定额包含物料）
		螺栓	M16×100（两垫一帽）			铁附件	6	套	0.26	
		螺栓	M16×40（两垫一帽）			铁附件	4	套	0.14	
		膨胀螺栓	M12×80/100			铁附件	16	只	0.00	
二线沿墙垂直敷设一终端		二线垂直布线支架	∠50×5×300	图3-21		铁附件	1	套	5.50	
	500017325	蝶式绝缘子	ED-2		G002-50001 7324-00001	绝缘子	2	只	0.00	
		圆钢	φ16×310	图3-21		铁附件	2	套	0.49	
	500027442	绝缘导线	JKLYJ-1-16		A171-50005 7753-00001		2	根	0.00	按实际需求选取（推荐50m）
	500014805	布电线	布电线，BV，铜，2.5，1		G002-50001 4805-00004		4	m	0.00	绑扎线（定额包含物料）
		螺栓	M16×100（两垫一帽）			铁附件	2	套	0.26	
		螺栓	M16×40（两垫一帽）			铁附件	2	套	0.14	
		膨胀螺栓	M12×80/100				4	只		

管道　计量箱

≤6000　≥2700　200　150　≥2000　100　≥600

图 3-5　220V 分列导线门型垂直布线沿墙敷设示意图（转角、直线、跨越、终端）

模块5 俯视图

管

B—B

模块5示意图

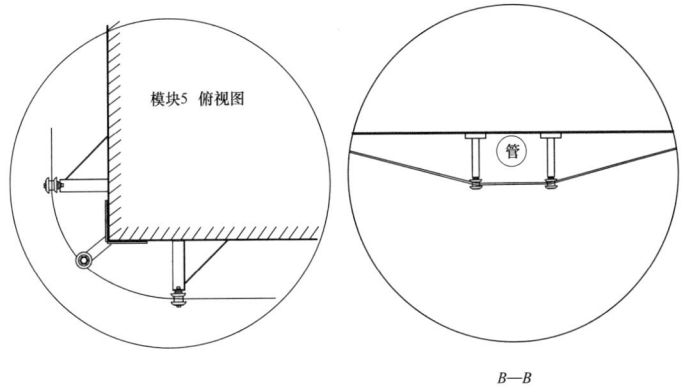

说明:1.支架高度应保持一致,并满足接户线对地净高大于2.5m,两支持点间距应尽量均匀,建议安置组间4~5m,最大不超过6m;
2.所有铁件均采用热镀锌防腐;
3.如采用金属计量箱时必须可靠接地;
4.与天燃气管道平行接户线距天燃气管道净距不小于0.25m,与天燃气管道交叉时交叉净距不小于0.1m。当明装电线加绝缘套管且套管的两端各伸出燃气管道10cm时,套管与燃气管道的交叉净距可降至1cm(出自GB 50028—2006);
5.中压燃气管道压力为0.01<P<0.2MPa;压燃气管道压力为P<0.01MPa。

材料表

材料分类	物料编码	材料名称	规格型号	加工图图号	固化ID	材料类型	数量	单位	单重(kg)	备注
二线沿墙垂直敷设—直线		二线垂直支架		图3-25			1	块	2.97	
		轴式绝缘子	EX-2				2	只	0.00	
	500027442	分相导线	JKLYJ				2	根	0.00	按实际需求选取
	0	扎线	BV-2.5mm²			铁附件	4	根	0.00	绑扎线(定额包含物料)
	0	膨胀螺栓	M12×100			绝缘子	2	只	0.00	
二线沿墙垂直敷设—转角	0	二线墙担托架		图3-22			1	块	6.79	
	0	二线垂直支架		图3-25			4	块	2.97	
	0	轴式绝缘子	EX-2				8	只	0.00	
	0	连板	—50×5×420	图3-25			4	块	0.82	
	500027442	分相导线	JKLYJ				2	根	0.00	按实际需求选取
	0	扎线	BV-2.5mm²			铁附件	4	根	0.00	绑扎线(定额包含物料)
	0	膨胀螺栓	M12×100			绝缘子	8	只	0.00	
	0	线夹	JH线夹			铁附件	2	只	0.00	
二线沿墙垂直敷设—终端	0	二线垂直支架		图3-25			1	块	2.97	
	0	轴式绝缘子	EX-2				2	只	0.00	
	500027442	分相导线	JKLYJ				2	根	0.00	按实际需求选取
	0	扎线	BV-2.5mm²				4	根	0.00	绑扎线(定额包含物料)
	0	膨胀螺栓	M12×100			铁附件	2	只	0.00	
	0	拉铁		图3-25			铁附件	3	只	0.26	
	0	线夹	JH线夹			铁附件	2	只		

管道

计量箱

≤6000

≥2700 200 150 ≥2000 ≥600 100

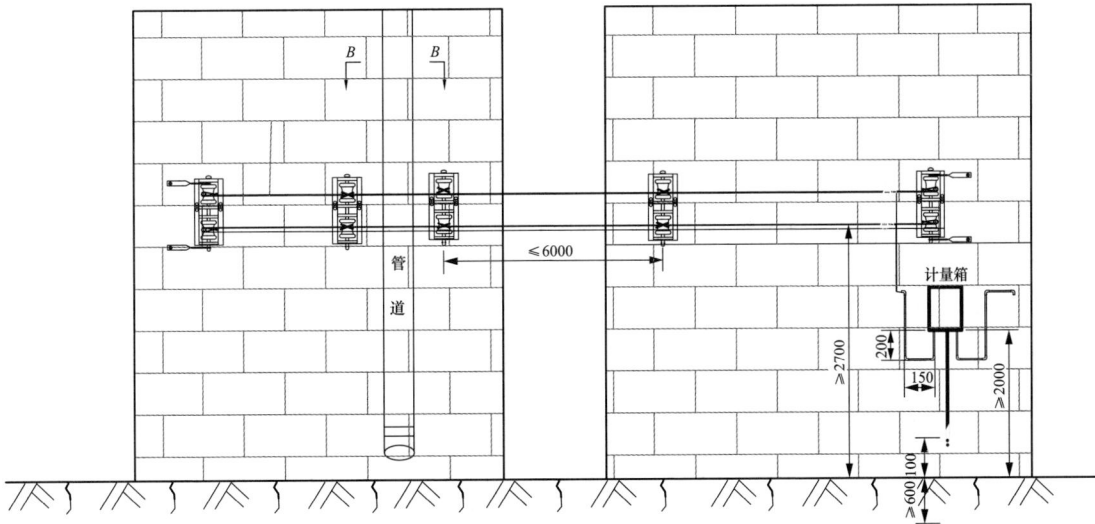

图3-6 220V分列导线轴式绝缘子垂直布线沿墙敷设示意图(转角、直线、跨越、终端)

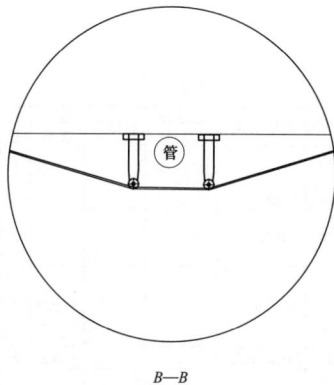

说明：1.支架高度应保持一致，并满足接户线对地净高大于2.5m，两支持点间
距应尽量均匀，建议安置组间4~5m，最大不超过6m；
2.所有铁件均采用热镀锌防腐；
3.如采用金属计量箱时必须可靠接地；
4.与天燃气管道平行接户线距天燃气管道净距不小于0.25m，与天燃气
管道交叉时交叉净距不小于0.1m。当明装电线加绝缘套管且套管的两
端各伸出燃气管道10cm时，套管与燃气管道的交叉净距可降至1cm
（出自GB 50028－2006）；
5.中压燃气管道压力为0.01<P<0.2MPa；低压燃气管道压力为P<0.01MPa。

材料表

物料编码	配件名称	型号	数量	单位	尺寸
	二位街码铁件	315×110×160	4	套	厚度1.5~3.0mm
	街码螺栓	M12×65	16	颗	
	圆杆	ϕ315	4	根	
	绝缘子1		8	个	
	压线板套装		16	套	包含压线板螺栓支架×4+转轴螺栓M 4×45×4pcs+辅助压板×4+螺栓保护 罩子×4+盖板×4

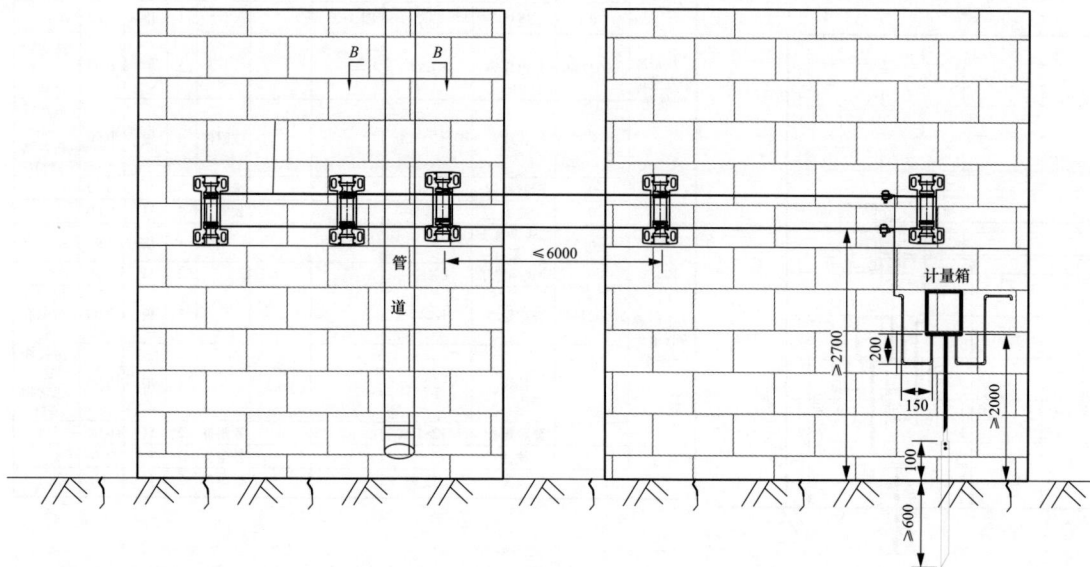

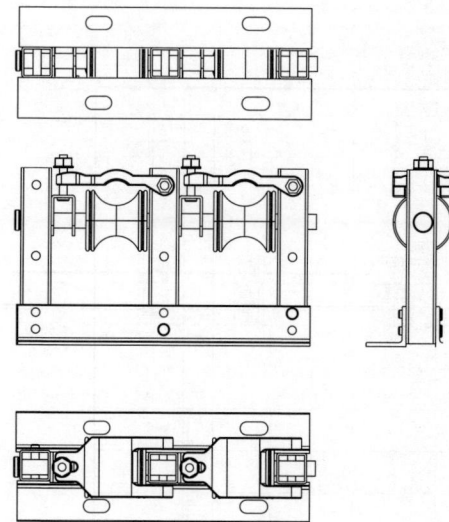

B—B

图 3-7 220V 分列导线低压复合横担垂直布线沿墙敷设示意图（直线、跨越、终端）

材料表

材料分类	物料编码	材料名称	规格型号	加工图图号	固化ID	材料类型	数量	单位	单重(kg)	备注
二线沿墙垂直敷设—终端		二线垂直布线支架	∠50×5×300	图3-21		铁附件	2	套	5.50	
	500017325	蝶式绝缘子	ED-2		G002-50001 7324-00001	绝缘子	4	只	0.00	
		圆钢	φ16×310	图3-21		铁附件	4	套	0.49	
	500027442	绝缘导线	JKLYJ-1-16		A171-50005 7753-00001		4	根	0.00	按实际需求选取（推荐50m）
	500014805	布电线	布电线，BV，铜，2.5，1		G002-50001 4805-00004		8	m	0.00	绑扎线（定额包含物料）
		螺栓	M16×100（两垫一帽）			铁附件	4	套	0.26	
		螺栓	M16×40（两垫一帽）			铁附件	4	套	0.14	
		膨胀螺栓	M12×80/100			铁附件	8	只	0.00	
二线沿墙水平敷设—终端		二线丁字担		图3-24		铁附件	2	块	9.93	
	500017325	蝶式绝缘子	ED-2		G002-50001 7324-00001	绝缘子	4	只	0.00	
		斜拉杆	φ12×460	图3-24		铁附件	2	根	0.41	
	500027442	绝缘导线	JKLYJ-1-16		A171-50005 7753-00001		4	根	0.00	按实际需求选取
	500014805	布电线	布电线，BV，铜，2.5，1		G002-50001 4805-00004		4	m	0.00	绑扎线（定额包含物料）
		螺栓	M16×100（两垫一帽）			铁附件	4	只	0.26	
		螺栓	M16×40（两垫一帽）			铁附件	4	只	0.14	
		螺栓	M12×40			铁附件	6	只	0.08	
		膨胀螺栓	M12×80/100			铁附件	6	只	0.00	
		N型拉板	—60×8	图3-24		铁附件	8	块	2.04	
		线夹	JH线夹				4	只		

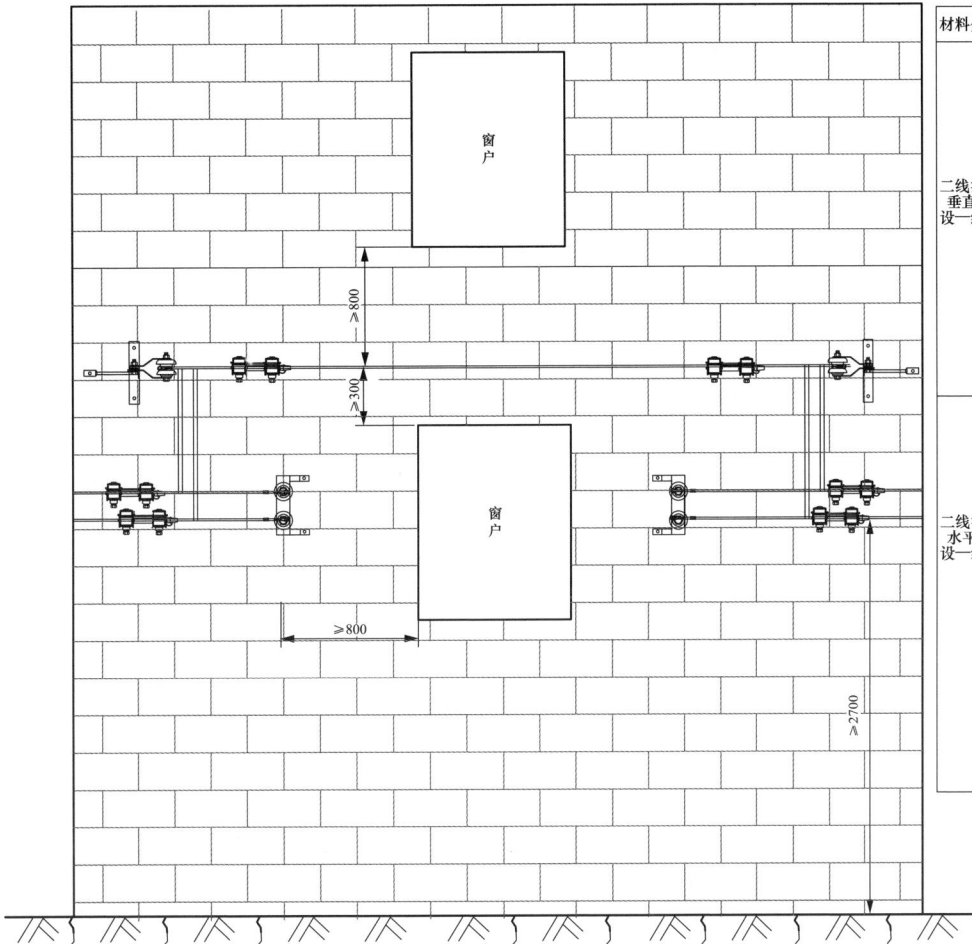

图 3-8　220V 分列导线门型垂直布线方式避开障碍物安装示意图

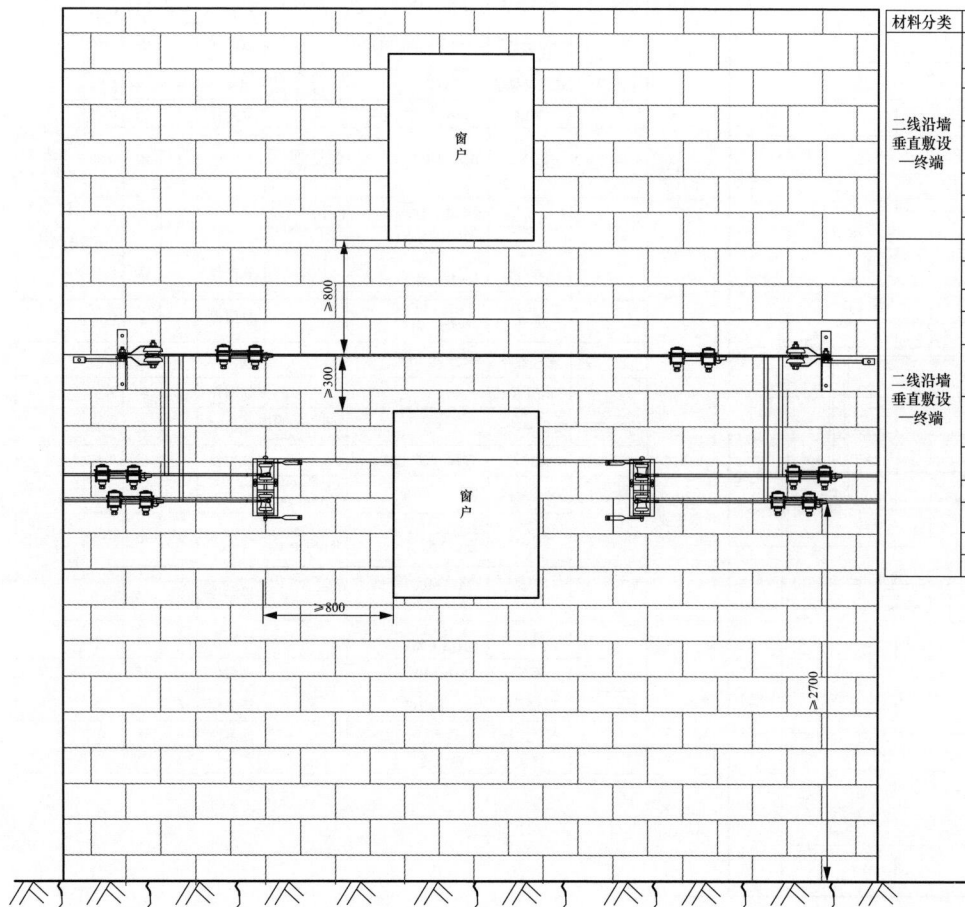

材料表

材料分类	物料编码	材料名称	规格型号	加工图图号	固化ID	材料类型	数量	单位	单重（kg）	备注
二线沿墙垂直敷设一终端		二线垂直支架		图3-25			2	块	2.97	
		轴式绝缘子	EX-2				4	只		
	500027442	分相导线	JKLYJ				4	根		按实际需求选取
		扎线	BV-2.5mm²				8	根		绑扎线（定额包含物料）
		膨胀螺栓	M12×100			铁附件	4	只		
		拉铁		图3-25		铁附件	6	只	0.28	
		线夹	JH线夹			铁附件	4	只		
二线沿墙垂直敷设一终端		二线丁字担		图3-25		铁附件	2	块	9.93	
	500017325	蝶式绝缘子	ED-2		G002-500017324-00001	绝缘子	4	只		
		斜拉杆	φ12×460	图3-25		铁附件	2	根	0.41	
	500027442	绝缘导线	JKLYJ-1-16		A171-500057753-00001		4	根		按实际需求选取
	500014805	布电线	布电线，BV，铜，2.5，1		G002-500014805-00004		8	m		绑扎线（定额包含物料）
		螺栓	M16×100（两垫一帽）			铁附件	4	只	0.26	
		螺栓	M16×40（两垫一帽）			铁附件	4	只	0.14	
		螺栓	M12×40			铁附件	2	只	0.08	
		膨胀螺栓	M12×80/100			铁附件	6	只		
		N型拉板	一60×8	图3-24		铁附件	8	块	2.04	
		线夹	JH线夹			铁附件	4	只		

图 3-9　220V 分列导线轴式绝缘子垂直布线方式避开障碍物安装示意图

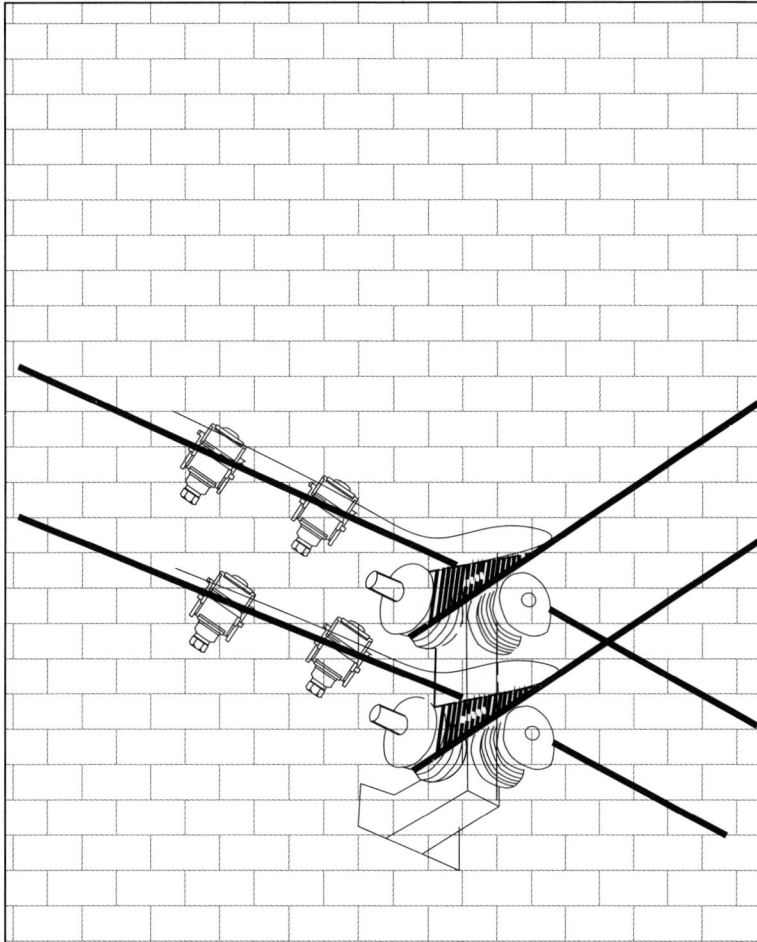

材料表

物料编码	材料名称	规格型号	加工图图号	固化ID	材料类型	数量	单位	单重(kg)	备注
	二线墙担托架	∠50×5×300	图3-17		铁附件	1	根	5.50	
500027442	绝缘导线	JKLYJ-1-16		A171-50005 7753-00001		2	根	0.00	按实际需求选取
	螺栓	M16×100 （两垫一帽）			铁附件	4	套	0.26	
500017325	蝶式绝缘子	ED-2		G002-50001 7324-00001	绝缘子	4	只		
	膨胀螺栓	M12×80/100			铁附件	4	个		
500014805	布电线	布电线，BV，铜，2.5，1		G002-50001 4805-00004		8	m		绑扎线（定额包含物料）

图 3-10　220V 分列导线垂直布线分支安示意图

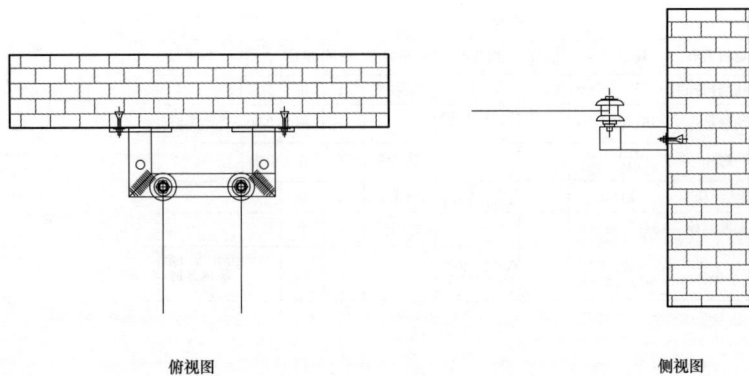

俯视图

侧视图

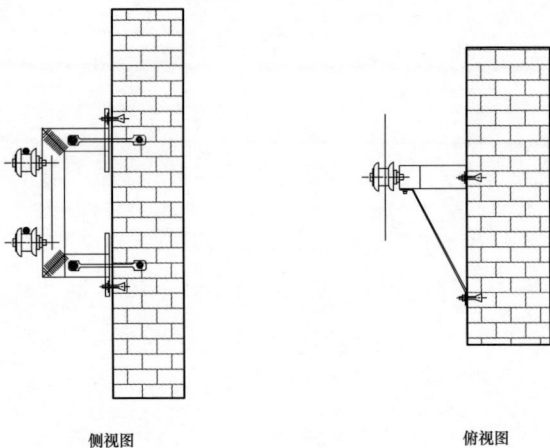

侧视图   俯视图

材料表

材料分类	物料编码	材料名称	规格型号	加工图图号	固化ID	材料类型	数量	单位	单重(kg)	备注
二线沿墙垂直敷设—终端		二线垂直布线支架	∠50×5×300	图3-21		铁附件	1	套	5.50	
	500017325	蝶式绝缘子	ED-2		G002-50001 7324-00001	绝缘子	2	只	0.00	
		圆钢	φ16×310	图3-21		铁附件	2	套	0.49	
	500027442	绝缘导线	JKLYJ-1-16		A171-50005 7753-00001		2	根	0.00	按实际需求选取（推荐50m）
	500014805	布电线	布电线, BV, 铜, 2.5, 1		G002-50001 4805-00004		4	m	0.00	绑扎线（定额包含物料）
		螺栓	M16×100（两垫一帽）			铁附件	2	套	0.26	
		螺栓	M16×40（两垫一帽）			铁附件	2	套	0.14	
		膨胀螺栓	M12×80/100			铁附件	4	只		

说明：1.图中所示为二线导线支架，若墙体有附着物时，横担予以加长；
　　　2.所有材料均须热镀锌防腐；
　　　3.所有材料材质均为Q235；
　　　4.根据选取的绝缘子固定螺栓的规格，确定安装孔径d（M16螺栓取17.5，M18螺栓取19.5，M20螺栓取21.5）；
　　　5.本横担如用于直线转角横担，根据要求调整使用。

图 3-11　220V 分列导线垂直布线沿墙敷设示意图（终端）

材料表

物料编码	材料名称	规格型号	加工图图号	固化ID	材料类型	数量	单位	单重(kg)	备注
500136150	表箱	电能计量箱, 悬挂式		G002-5001 35928-00001		1	只		单相
500027442	电能表箱进线	JKLYJ-1-16				40	m		单根按10m计算
	线夹	JH线夹				4	套		四色绝罩缘
	接地极					1	套		
	膨胀螺丝	M12×80/100			铁附件	12	套		
	CPVC穿线管	φ32				8	m		进线、出线
	CPVC管卡	φ32				10	个		
	CPVC管弯头	φ32 90°				6	个		
500014807	布电线	布电线，BV，铜，10，1		G002-50001 4805-00004		30	m		按实际需求选取

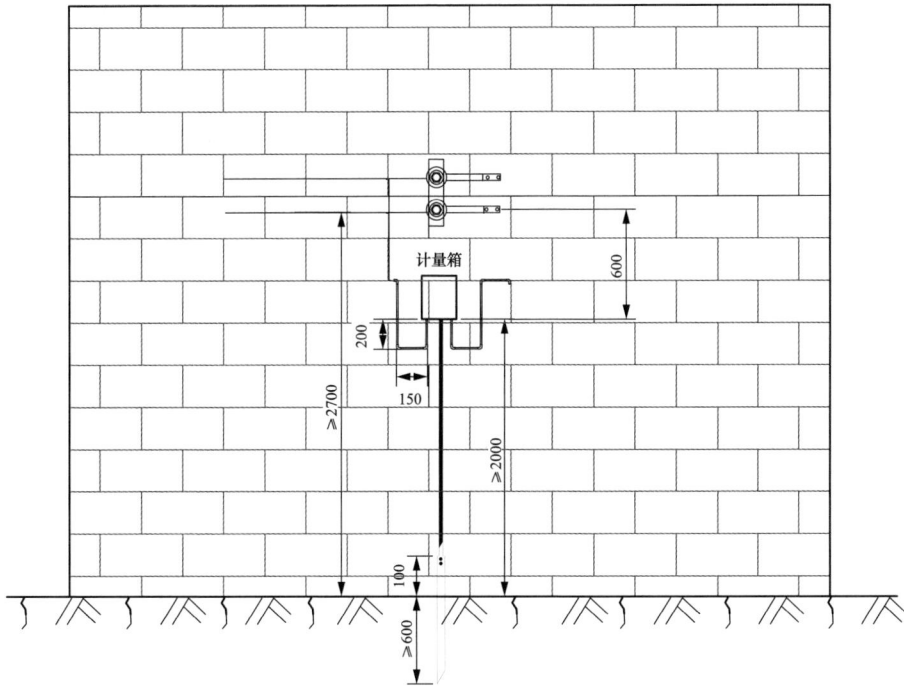

计量箱

600

200

≥2700

150

≥2000

100

≥600

40

54

计量箱

表箱内部接线图

L QS
N
Wh
QF

说明：1.电能表箱的位置可以根据现场情况适当调整高度，适当增减相应材料长度；
2.表箱进线和出线位置按表箱实际接线需求决定。

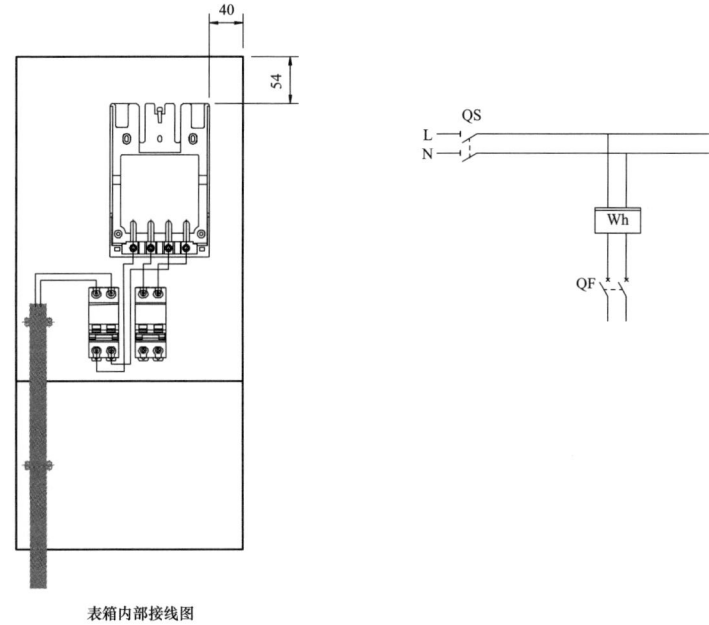

图 3-12　220V 分列导线垂直布线沿墙敷设表箱引下示意图

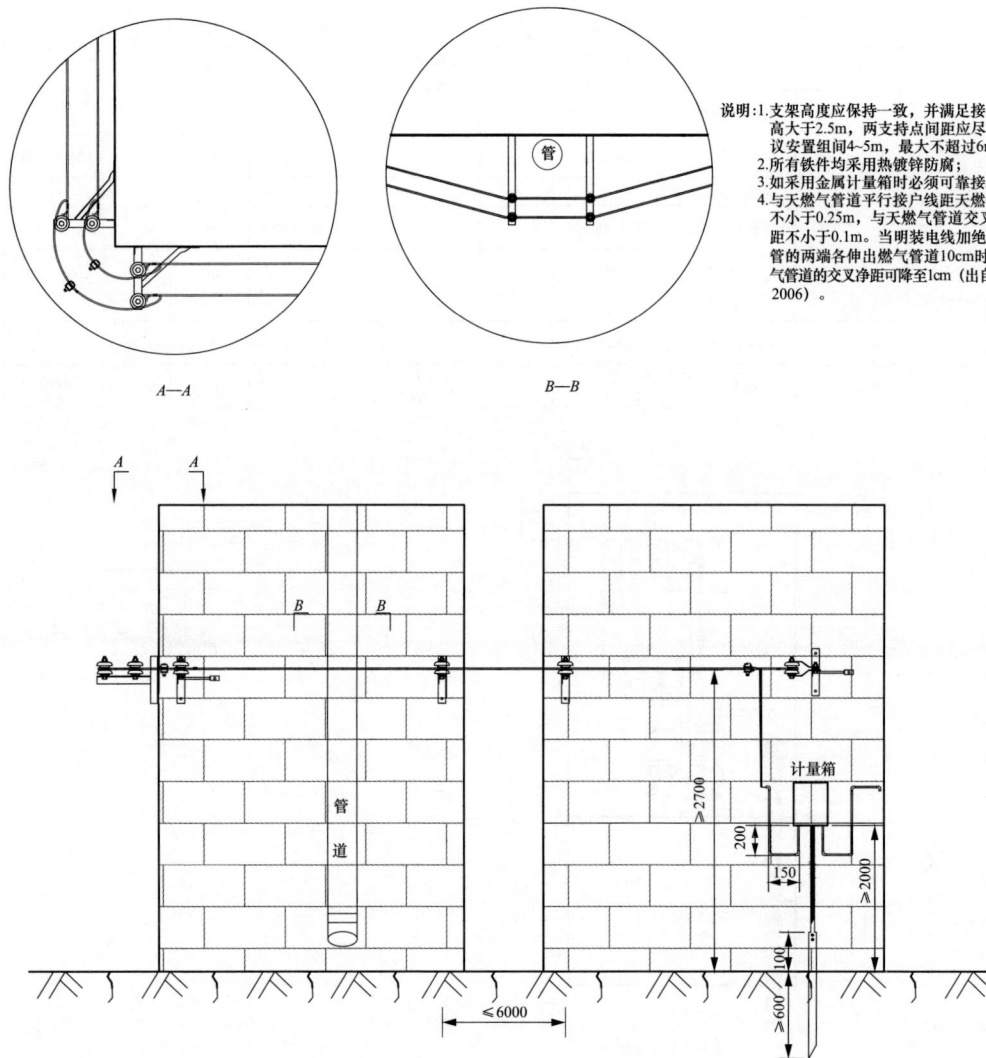

说明:1.支架高度应保持一致,并满足接户线对地净高大于2.5m,两支持点间距应尽量均匀,建议安置组间4~5m,最大不超过6m;
2.所有铁件均采用热镀锌防腐;
3.如采用金属计量箱时必须可靠接地;
4.与天燃气管道平行接户线距天燃气管道净距不小于0.25m,与天燃气管道交叉时交叉净距不小于0.1m。当明装电线加绝缘套管且套管的两端各伸出燃气管道10cm时,套管与燃气管道的交叉净距可降至1cm(出自GB 50028—2006)。

材料表

材料分类	物料编码	材料名称	规格型号	加工图图号	固化ID	材料类型	数量	单位	单重(kg)	备注
二线沿墙水平敷设一直线		二线丁字担		图3-24		铁附件	1	块	9.93	
	500017325	蝶式绝缘子	ED-2		G002-500017324-00001	绝缘子	2	只	0.00	
	500027442	绝缘导线	JKLYJ-1-16		A171-500057753-00001		2	根	0.00	按实际需求选取
	500014805	布电线	布电线,BV,铜,2.5,1		G002-500014805-00004		2	m	0.00	绑扎线(定额包含物料)
	0	螺栓	M16×100(两垫一帽)			铁附件	2	只	0.26	
	0	膨胀螺栓	M12×80/100			铁附件	2	只	0.00	
二线沿墙水平敷设一转角	0	二线丁字担		图3-24		铁附件	2	块	9.93	
	0	斜拉杆	φ12×460	图3-24		铁附件	2	根	0.41	
	500017325	蝶式绝缘子	ED-2		G002-500017324-00001	绝缘子	4	只	0.00	
	500027442	绝缘导线	JKLYJ-1-16		A171-500057753-00001		2	根	0.00	按实际需求选取
	500014805	布电线	布电线,BV,铜,2.5,1		G002-500014805-00004		8	m	0.00	绑扎线(定额包含物料)
	0	螺栓	M16×100(两垫一帽)			铁附件	4	只	0.26	
	0	螺栓	M12×40			铁附件	2	只	0.08	
	0	膨胀螺栓	M12×80/100			铁附件	6	只	0.00	
二线沿墙水平敷设一终端	0	二线丁字担		图3-24		铁附件	1	块	9.93	
	500017325	蝶式绝缘子	ED-2		G002-500017324-00001	绝缘子	2	只	0.00	
	0	斜拉杆	φ12×460	图3-24		铁附件	1	根	0.41	
	500027442	绝缘导线	JKLYJ-1-16		A171-500057753-00001		2	根	0.00	按实际需求选取
	500014805	布电线	布电线,BV,铜,2.5,1		G002-500014805-00004		2	m	0.00	绑扎线(定额包含物料)
	0	螺栓	M16×100(两垫一帽)			铁附件	2	只	0.26	
	0	螺栓	M16×40(两垫一帽)			铁附件	2	只	0.14	
	0	螺栓	M12×40			铁附件	3	只	0.08	
	0	膨胀螺栓	M12×80/100			铁附件	3	只	0.00	
	0	N形拉板	—60×8	图3-20		铁附件	4	块	2.04	
		线夹	JH线夹				2	只		

A—A   B—B

图 3-13   220V 分列导线水平布线沿墙敷设示意图(转角、直线、跨越、终端)

说明:1.支架高度应保持一致,并满足接户线对地净高大于2.5m,两支持点间距应尽量
均匀,建议安置组间4~5m,最大不超过6m;
2.所有铁件均采用热镀锌防腐;
3.如采用金属计量箱时必须可靠接地;
4.与天燃气管道平行接户线距天燃气管道净距不小于0.25m,与天燃气管道交叉时
交叉净距不小于0.1m。当明装电线加绝缘套管且套管的两端各伸出燃气管道
10cm时,套管与燃气管道的交叉净距可降至1cm(出自GB 50028—2006)。

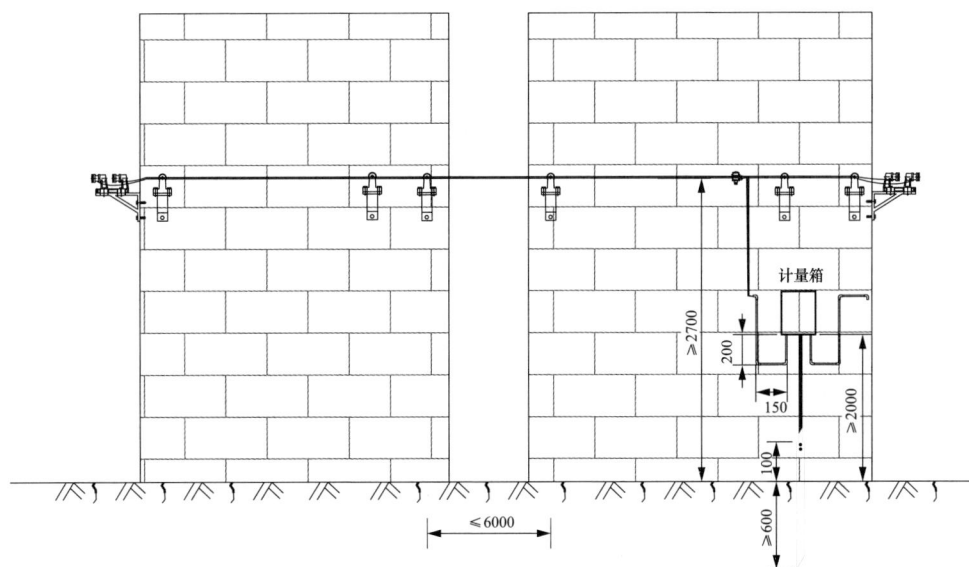

材料表

物料编码	配件名称	型号	数量	单位	备注
	二线水平直线	2S-1	8	套	包含支架
	二线水平直线	2S-2	8	套	包含支架

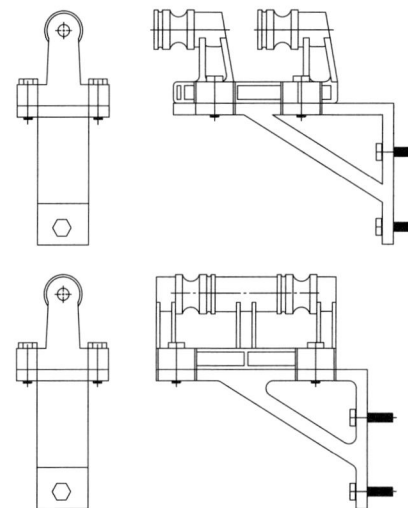

图 3-14　220V 分列导线低压复合横担水平布线沿墙敷设示意图（转角、直线、跨越、终端）

材料表

物料编码	材料名称	规格型号	加工图图号	固化ID	材料类型	数量	单位	单重(kg)	备注
	二线丁字担		图3-24		铁附件	4	块	9.93	
500017325	蝶式绝缘子	ED-2		G002-50001 7324-00001	绝缘子	8	只	0.00	
	斜拉杆	φ12×460	图3-24		铁附件	4	根	0.41	
500027442	绝缘导线	JKLYJ-1-16		A171-50005 7753-00001		8	根	0.00	按实际需求选取
500014805	布电线	布电线，BV，铜，2.5，1		G002-50001 4805-00004		8	m	0.00	绑扎线（定额包含物料）
	螺栓	M16×100（两垫一帽）			铁附件	8	只	0.26	
	螺栓	M16×40（两垫一帽）			铁附件	8	只	0.14	
	螺栓	M12×40			铁附件	12	只	0.08	
	膨胀螺栓	M12×80/100			铁附件	12	只	0.00	
	N形拉板	—60×8	图3-24		铁附件	16	块	2.04	
	线夹	JH线夹				8	只		

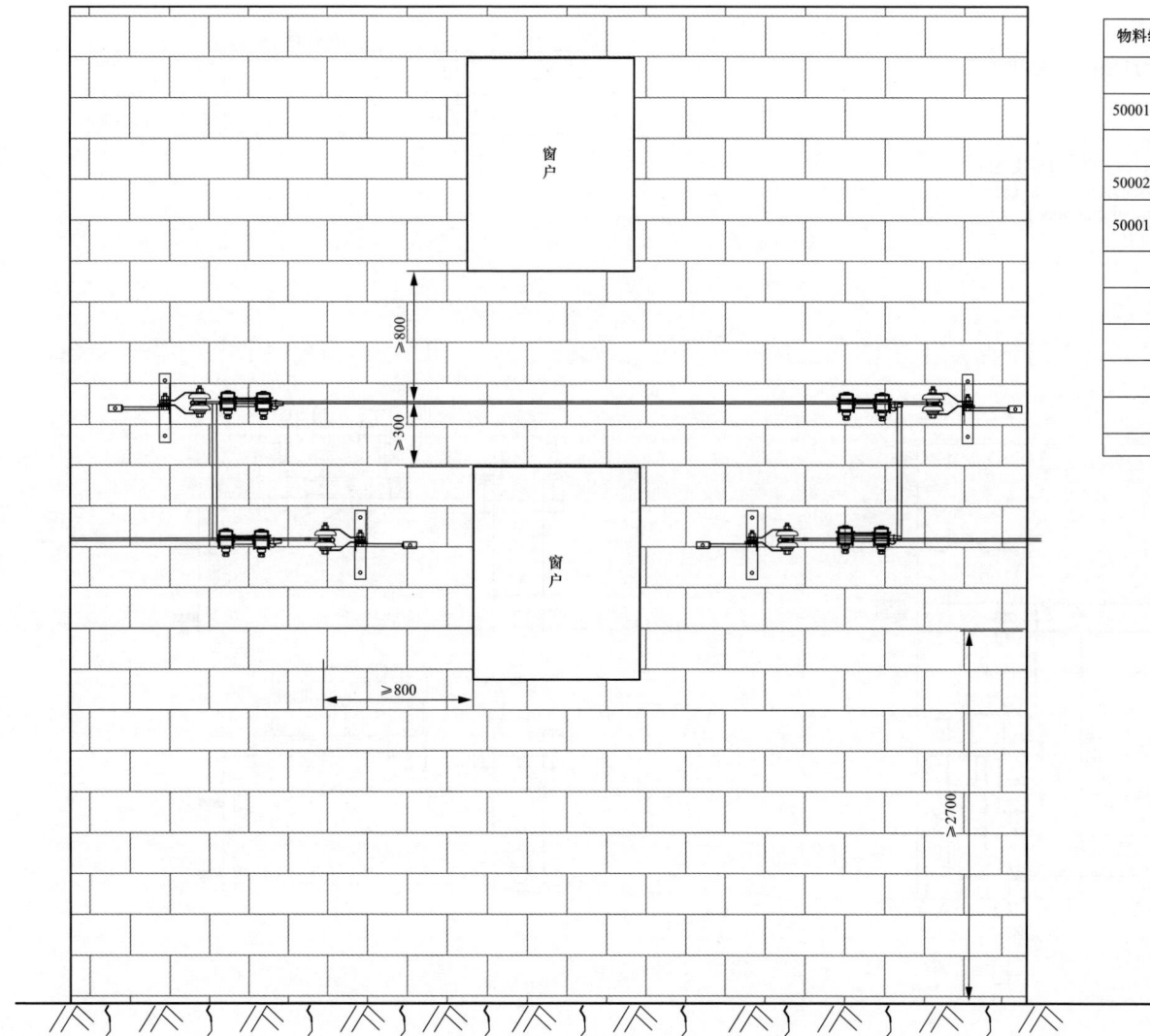

图 3-15　220V 分列导线水平布线避开障碍物安装示意图

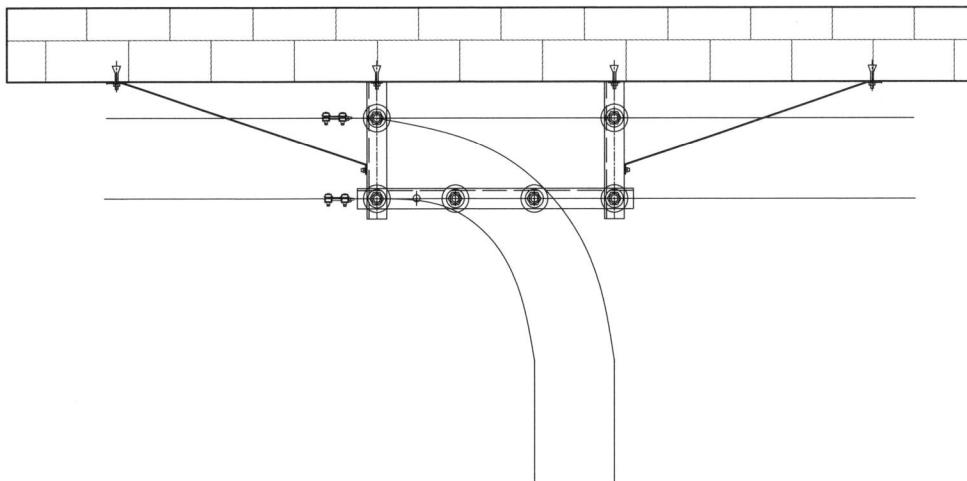

俯视图

材料表

物料编码	材料名称	规格型号	加工图图号	固化ID	材料类型	数量	单位	单重(kg)	备注
	二线丁字担		图3-24		铁附件	2	块	9.93	
500017325	蝶式绝缘子	ED-2		G002-500017324-00001	绝缘子	6	只	0.00	
	斜拉杆	φ12×460	图3-24		铁附件	2	根	0.41	
	分支横担	∠50×5×740			铁附件	1	根	0.00	
500027442	绝缘导线	JKLYJ-1-16		A171-500057753-00001		4	根	0.00	按实际需求选取
500014805	布电线	布电线，BV，铜，2.5，1		G002-500014805-00004		8	m	0.00	绑扎线（定额包含物料）
	螺栓	M16×100(两垫一帽)			铁附件	6	只	0.26	
	螺栓	M12×40			铁附件	2	只	0.08	
	膨胀螺栓	M12×80/100			铁附件	6	只		
	线夹	JH线夹				4	只		

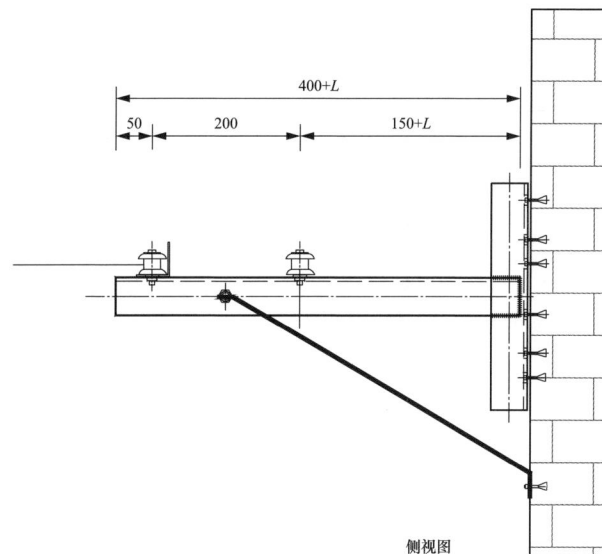

说明:1.图中所示为分支（转角）架线横担，若墙体有附着物时，横担予以加长;
　　　2.所有材料均须热镀锌防腐;
　　　3.所有材料材质均为Q235;
　　　4.根据选取的绝缘子固定螺栓的规格，确定安装孔径d（M16螺栓取17.5，M18螺栓取19.5，M20螺栓取21.5）;
　　　5.本横担如用于直线转角横担，根据要求调整使用。

400+L
50 200 150+L

侧视图

图 3-16　220V 分列导线水平布线分支安装示意图

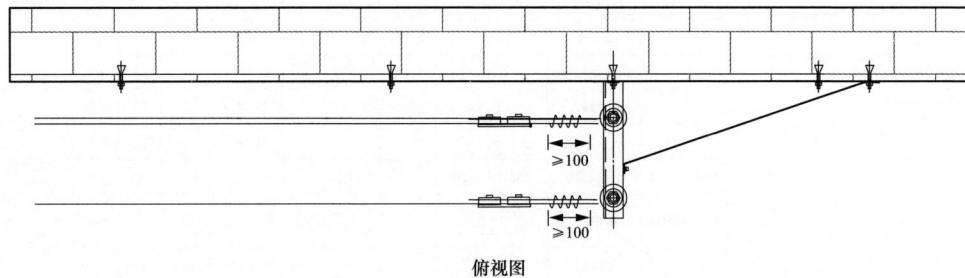

俯视图

材料表

物料编码	材料名称	规格型号	加工图图号	固化ID	材料类型	数量	单位	单重(kg)	备注
	二线丁字担		图3-24		铁附件	4	块	9.93	
500017325	蝶式绝缘子	ED-2		G002-50001 7324-00001	绝缘子	8	只	0.00	
	斜拉杆	ϕ12×460	图3-24		铁附件	4	根	0.41	
500027442	绝缘导线	JKLYJ-1-16		A171-50005 7753-00001		8	根	0.00	按实际需求选取
500014805	布电线	布电线，BV，铜，2.5，1		G002-50001 4805-00004		8	m	0.00	绑扎线（定额包含物料）
	螺栓	M16×100 （两垫一帽）			铁附件	8	只	0.26	
	螺栓	M16×40 （两垫一帽）			铁附件	8	只	0.14	
	螺栓	M12×40			铁附件	12	只	0.08	
	膨胀螺栓	M12×80/100			铁附件	12	只	0.00	
	N型拉板	—60×8	图3-24		铁附件	16	块	2.04	
	线夹	JH线夹				8	只		

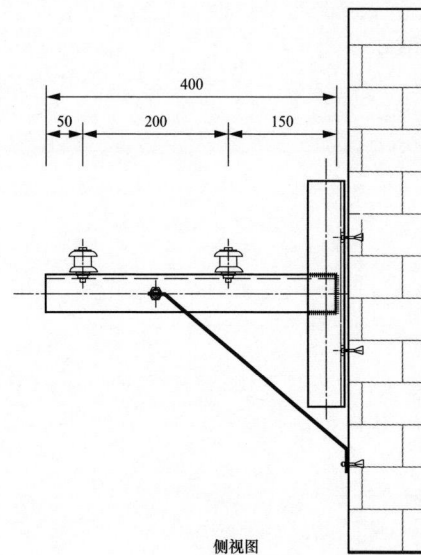

说明：1.图中所示为终端架线横担，若墙体有附着物时，横担予以加长；
2.所有材料均须热浸镀锌防腐；
3.所有材料材质均为Q235；
4.根据选取的绝缘子固定螺栓的规格，确定安装孔径d（M16螺栓取17.5，M18螺栓取19.5，M20螺栓取21.5）；
5.本横担如用于直线转角横担，根据要求调整使用。

侧视图

图 3-17　220V 分列导线水平布线沿墙敷设示意图（终端）

・22・ 甘肃 0.4kV 架空配电线路接户线典型设计

材料表

物料编码	材料名称	规格型号	加工图图号	固化ID	材料类型	数量	单位	单重(kg)	备注
500136150	表箱	电能计量箱,悬挂式		G002-5001 35928-00001		1	只		单相
500027442	电能表箱进线	JKLYJ-1-16				40	m		单根按10m计算
	线夹	JH线夹				4	套		四色绝缘罩
	接地极					1	套		
	膨胀螺丝	M12×80/100			铁附件	12	套		
	CPVC穿线管	φ32				8	m		进线、出线
	CPVC管卡	φ32				10	个		
	CPVC管弯头	φ32 90°				6	个		
500014807	布电线	布电线,BV,铜,10,1		G002-50001 4805-00004		30	m		按实际需求选取

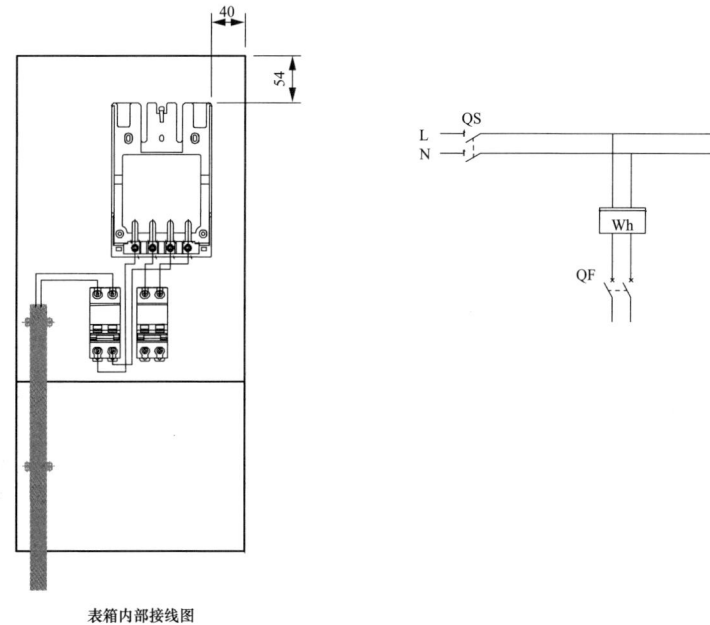

计量箱

表箱内部接线图

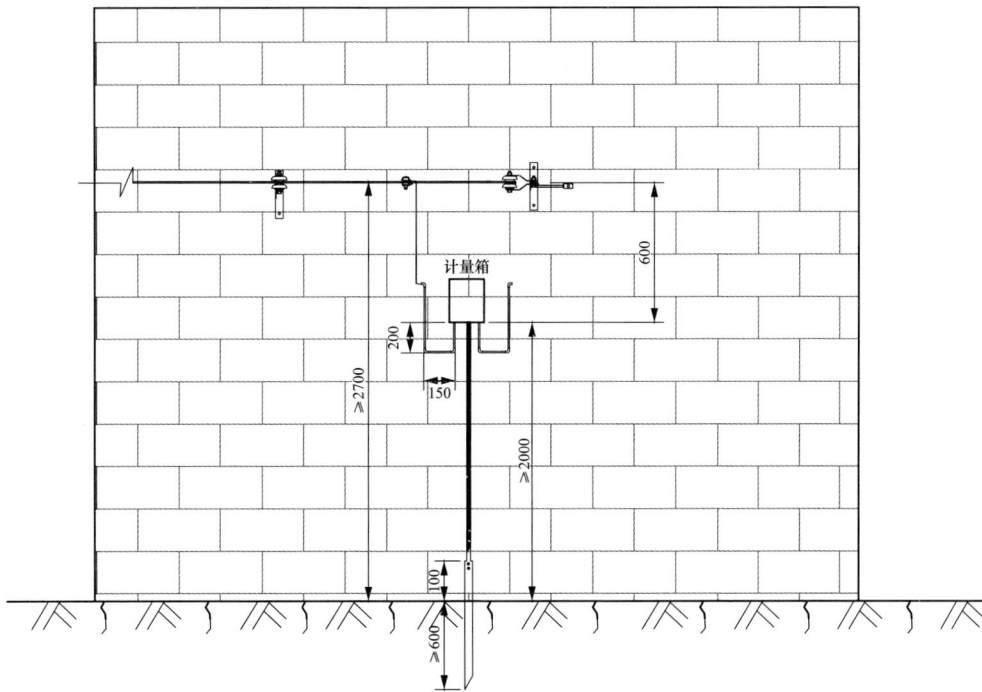

说明:1.电能表箱的位置可以根据现场情况适当调整高度,适当增减相应材料长度;
　　　2.表箱进线和出线位置按表箱实际接线需求决定。

图 3-18　220V 分列导线水平布线沿墙敷设表箱引下示意图

材料及适用表

型号	角钢		垫铁		总重（kg）	R（mm）	L1（mm）	L2（mm）	适用主杆直径（mm）
	规格（mm）	单重（kg）	规格（mm）	单重（kg）					
HD07-A15	∠50×5×700	2.64	—50×5×190	0.38	3.02	80	130	190	150~175
HD07-A19	∠50×5×700	2.64	—50×5×243	0.48	3.12	100	150	230	190~215
HD07-B15	∠63×6×700	4.00	—50×5×190	0.38	4.38	80	130	190	150~175
HD07-B19	∠63×6×700	4.00	—50×5×243	0.48	4.48	100	150	230	190~215

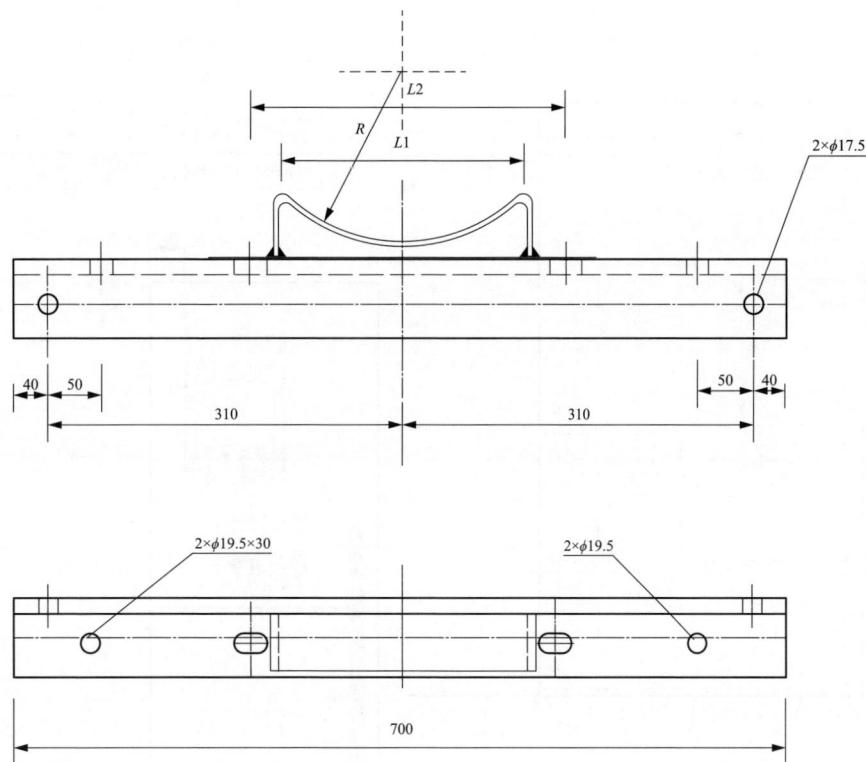

说明：1.铁件均需热镀锌，材料表中的角钢材料为Q235；
　　　2.如同一根杆中使用双侧横担，加工孔时应镜像
　　　　加工；
　　　3.图中R的尺寸是根据横担安装位置不同确定；
　　　4.扁钢与角钢须四面焊接，且焊缝高度为6mm。

图 3-19　二线横担制造图

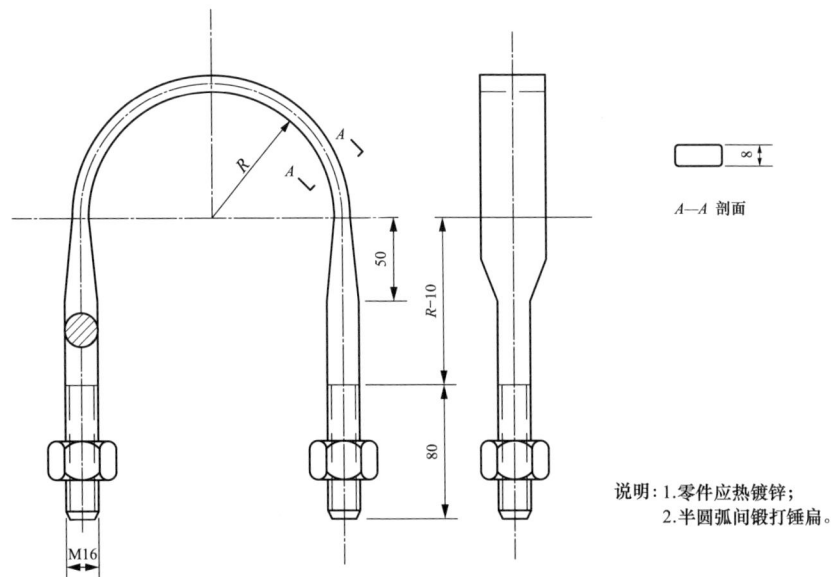

$A—A$ 剖面

说明：1.零件应热镀锌；
2.半圆弧间锻打锤扁。

规 格 (mm)		材料	材料	下料长度	数 量（根/只）		重 量 (kg)		单套重量	备 注
型 号	半径 R	名 称	规 格	L (mm)	钢材	螺母	钢材	螺母	(kg)	
$\phi163$	81	圆钢	$\phi16$	584	1	2	0.93	0.10	1.03	
$\phi200$	100	圆钢	$\phi16$	679	1	2	1.07	0.10	1.17	
$\phi220$	110	圆钢	$\phi16$	731	1	2	1.16	0.10	1.26	
$\phi230$	115	圆钢	$\phi16$	756	1	2	1.20	0.10	1.30	
$\phi250$	125	圆钢	$\phi16$	808	1	2	1.28	0.10	1.38	
$\phi270$	135	圆钢	$\phi16$	859	1	2	1.36	0.10	1.46	
$\phi280$	140	圆钢	$\phi16$	885	1	2	1.40	0.10	1.50	
$\phi300$	150	圆钢	$\phi16$	936	1	2	1.48	0.10	1.58	
$\phi320$	160	圆钢	$\phi16$	988	1	2	1.56	0.10	1.66	
$\phi350$	175	圆钢	$\phi16$	1065	1	2	1.68	0.10	1.78	
$\phi380$	190	圆钢	$\phi16$	1142	1	2	1.80	0.10	1.90	
$\phi400$	200	圆钢	$\phi16$	1193	1	2	1.88	0.10	1.98	

图 3-20　U 型抱箍制造图

二线垂直布线支架材料表

名称	材料型号	单位	数量	单重（kg）	总计（kg）	合计（kg）
直线支架角钢	∠50×5×300	根	2	1.31	2.62	
直线支架角钢	∠50×5×250	根	2	0.95	1.90	5.50
圆钢	φ16×310	根	2	0.49	0.98	

2×φ13.5膨胀螺栓孔

2×φ17.5保险孔

2×φ17.5接地孔

2×φ13.5

135°

35°

230

20 20

20 20

4×φ17.5低压绝缘子螺栓孔

300

75   150

250

此面靠墙安装

附图二

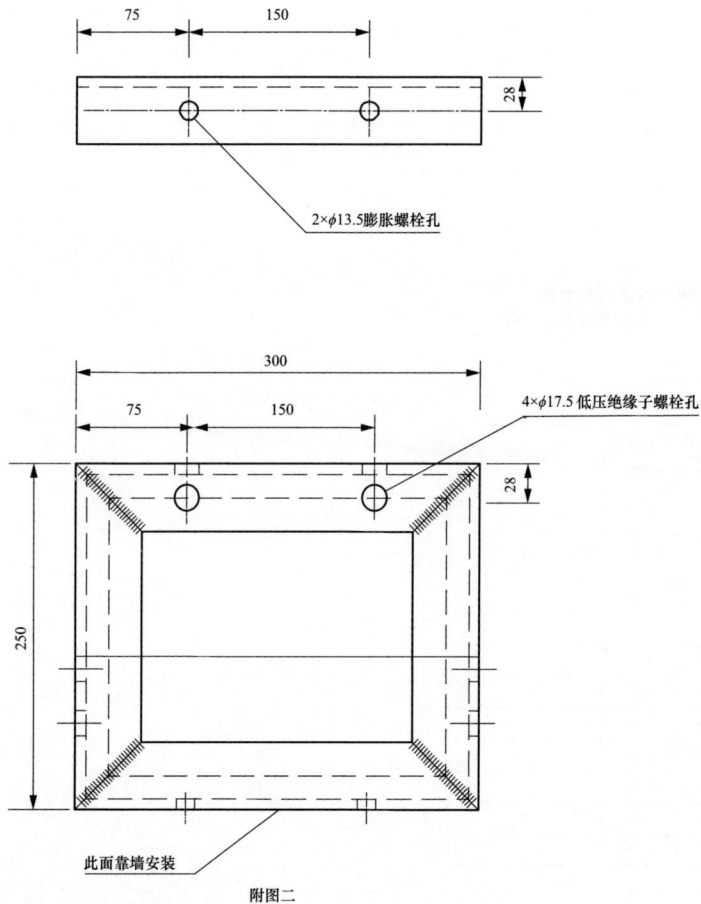

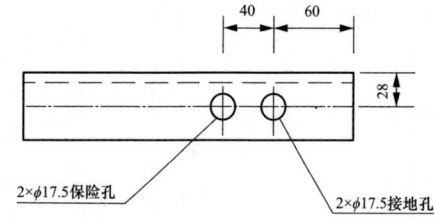

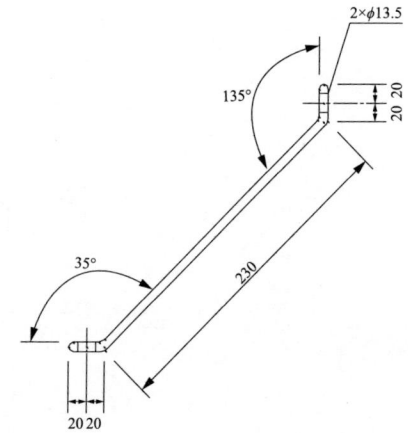

说明：1.阴影部分为焊接；
　　　2.铁件均需热镀锌，材料为Q235。

图 3-21　二线门型垂直布线沿墙敷设支架及其附件制造图

材料表

名称	材料型号	单位	数量	单重（kg）	总计（kg）	备注
直线支架角钢	∠50×5×400	根	2	1.5080	3.016	L=0
直线支架角钢	∠50×5×500	根	2	1.8850	3.770	L=100
直线支架角钢	∠50×5×600	根	2	2.2620	4.524	L=200
直线支架角钢	∠50×5×300	根	1	2.2620	1.131	
直线支架角钢	∠50×5×150	根	2	0.5655	1.131	
合计	L=0				5.278	1+2+3
合计	L=100				6.032	1+2+3
合计	L=200				6.786	1+2+3

4×φ13.5 膨胀螺栓孔

25 100 25

A—A

2×φ13.5

75
150
300
75

此面靠墙安装

400+L

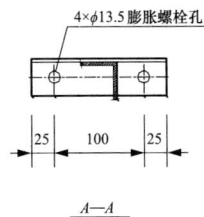

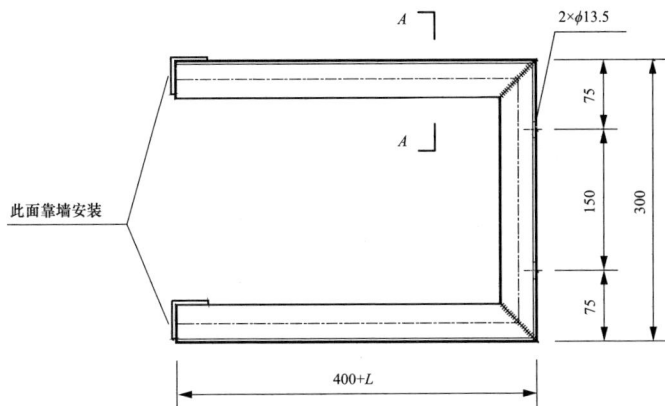

说明:1.阴影部分为焊接；
    2.铁件均需热镀锌，材料为Q235；
    3.此横担按照跨越管径（或障碍物高度）200mm考虑，此时$L=0$mm；
      当跨越管径（或障碍物高度）300mm时，此时$L=100$mm；当跨越管径（或障碍物高度）400mm时，此时$L=200$mm。

图 3-22   二线门型垂直布线沿墙敷设墙担托架（跨障）制造图

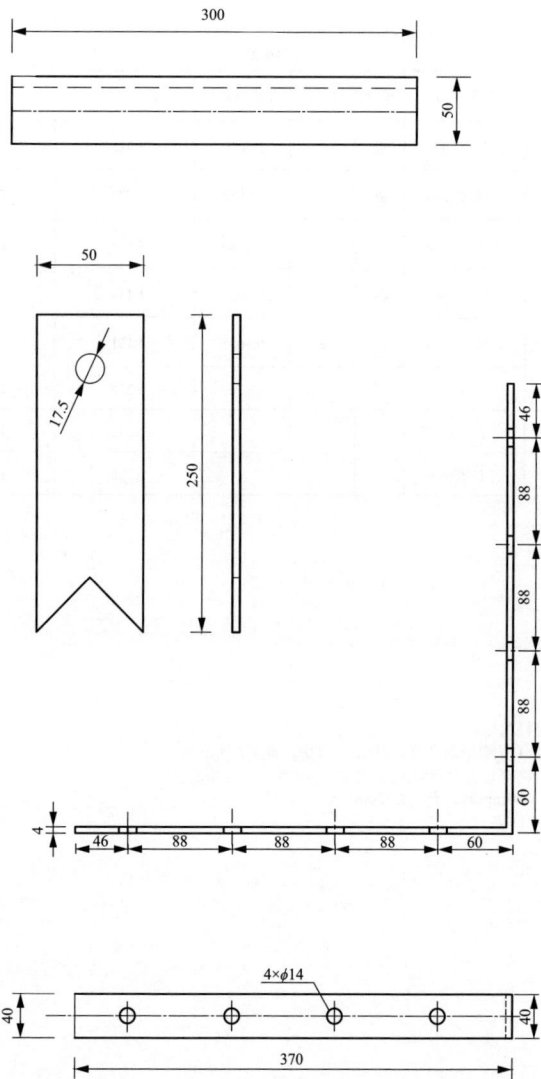

材料表

编号	名称	规格	单位	数量	单重 (kg)	合计 (kg)	备注
1	角钢	∠50×5×300	根	1	1.13		
2	扁铁	—40×4×740	根	2	0.94	6.1	焊接
3	扁铁	—50×5×250	根	4	0.49		焊接
4	螺丝	M16×120（双垫单帽）	套	2			
5	绝缘子	ED-1	只	2			
6	膨胀螺丝	φ14	个	8			

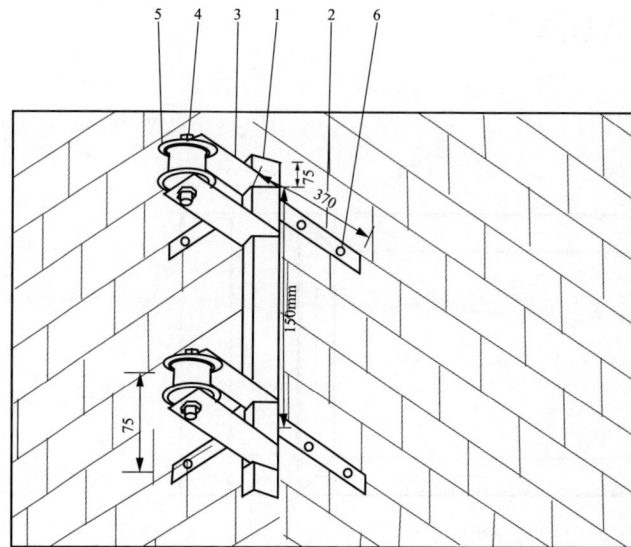

图 3-23　二线门型垂直布线沿墙敷设转角支座制造图

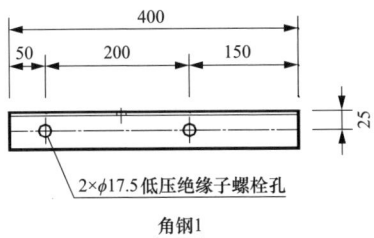

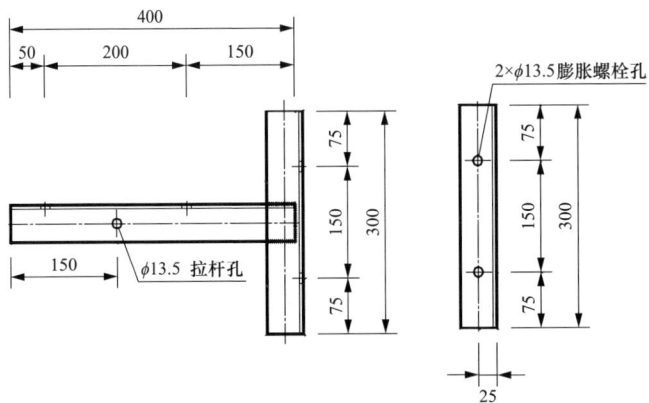

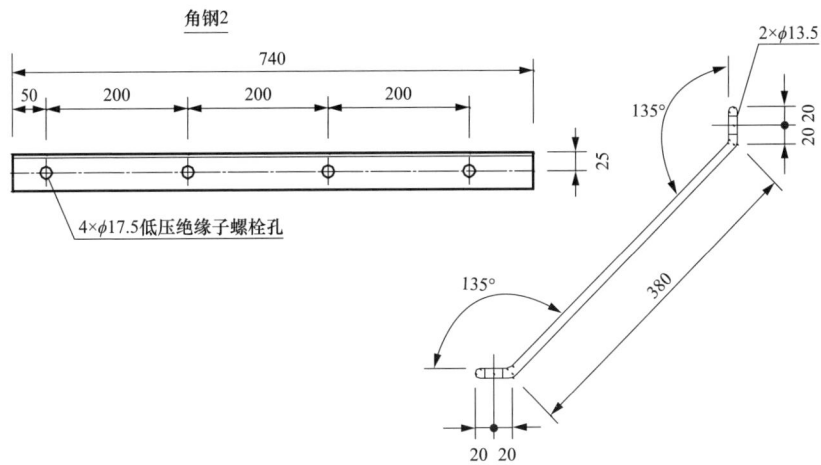

400

50　200　150

25

2×φ17.5低压绝缘子螺栓孔

角钢1

400

50　200　150

2×φ13.5膨胀螺栓孔

75

150　300

75

75

150　300

75

150　φ13.5 拉杆孔

25

角钢2

740

50　200　200　200

25

4×φ17.5低压绝缘子螺栓孔

2×φ13.5

135°

20 20

380

135°

20 20

终端二线七字担拉杆
（直线担时，取消）

材料表

名称	规格	单位	数量	单重 (kg)	合计 (kg)	备注
角钢	∠50×5×400	块	1	1.51		
角钢	∠50×5×300	块	1	1.13		
角钢	∠50×5×740	块	1	2.80	9.93	
圆钢	φ12×460	块	1	0.41		
N形拉板	—60×8×270	块	4	1.02		直线时该项取消

说明:1.阴影部分为焊接;

　　2.铁件均需热镀锌，材料为Q235。

图 3-24　二线水平布线沿墙敷支架制造图

材料表

编号	名称	规格	单位	数量	单重（kg）	合计	备注
1	扁钢	—60×5×605	块	1	1.43		
2	扁钢	—60×5×150	块	3	0.36		
3	扁钢	—20×10×20	块	1	0.03	2.97	
	圆钢	φ14×355	条	1	0.426		
4	拉铁	—30×4×300	块	1	0.28		
5	连板	—50×5×350（420）	块	1	0.69（0.82）		

说明：1.阴影部分为焊接；
      2.铁件均需热镀锌，材料为Q235。

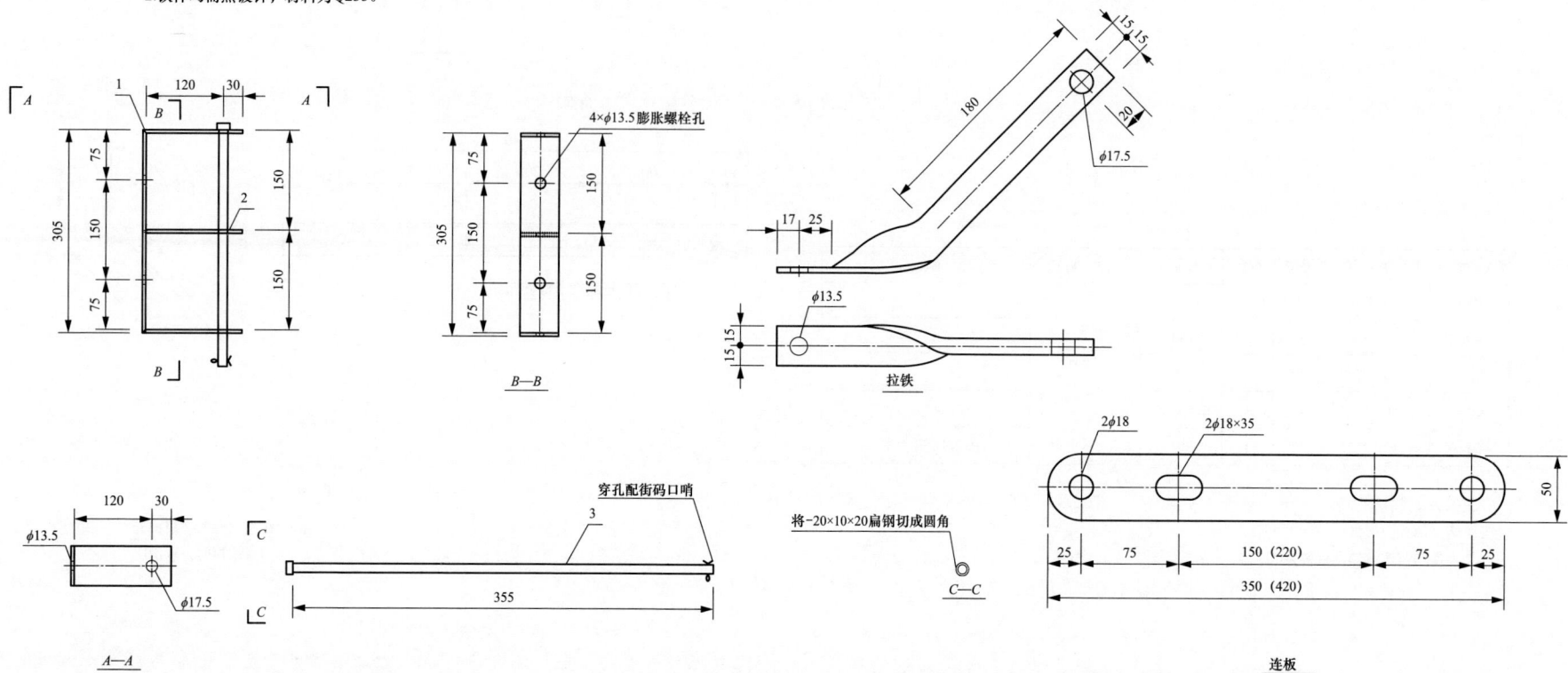

图 3-25 二线轴式绝缘子垂直布线沿墙敷设支架及其附件制造图

材料表

配件名称	型号	数量	单位	备注
二线垂直布置直线	2C-1	1	套	包含支架
二线垂直布置直线	2C-1-1	1	套	包含支架/过障碍
二线垂直布置直线	2C-2	1	套	包含支架

复合终端横担2C-2

复合终端横担2C-1-1

复合终端横担2C-1

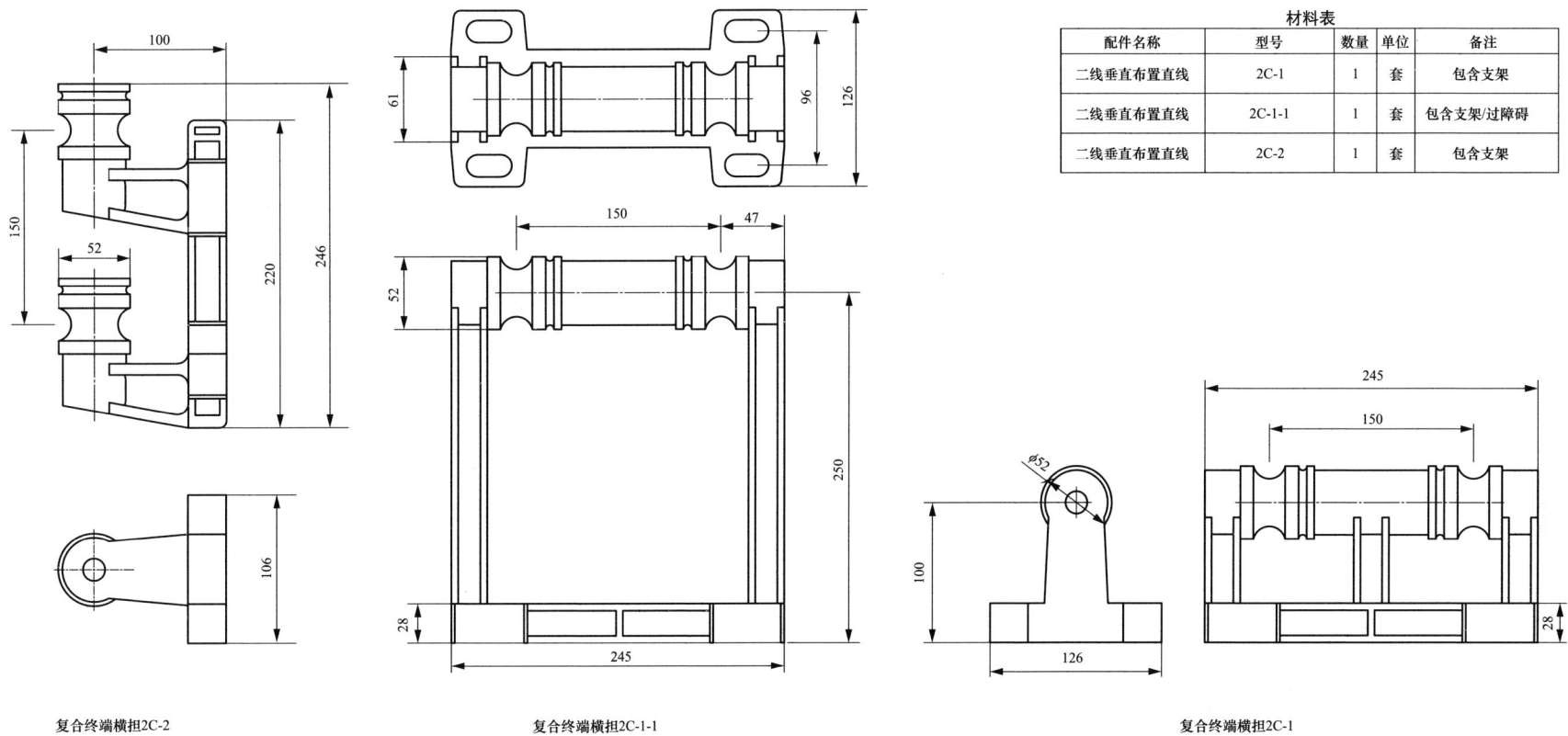

图 3-26 二线复合绝缘横担垂直尺寸图（直线/过障）

材料表

配件名称	型号	数量	单位	备注
二线水平直线	2S-1	1	套	包含支架
二线水平直线	2S-2	1	套	包含支架

复合终端横担2S-1

复合终端横担2S-2

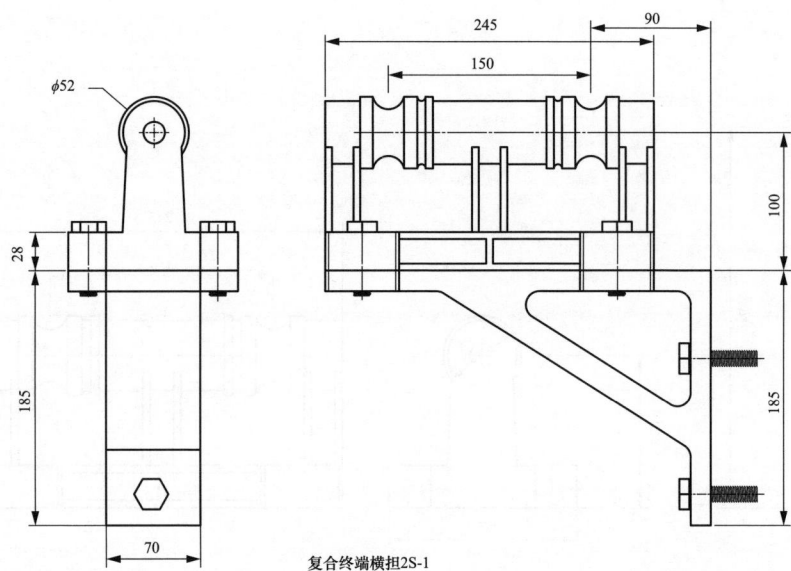

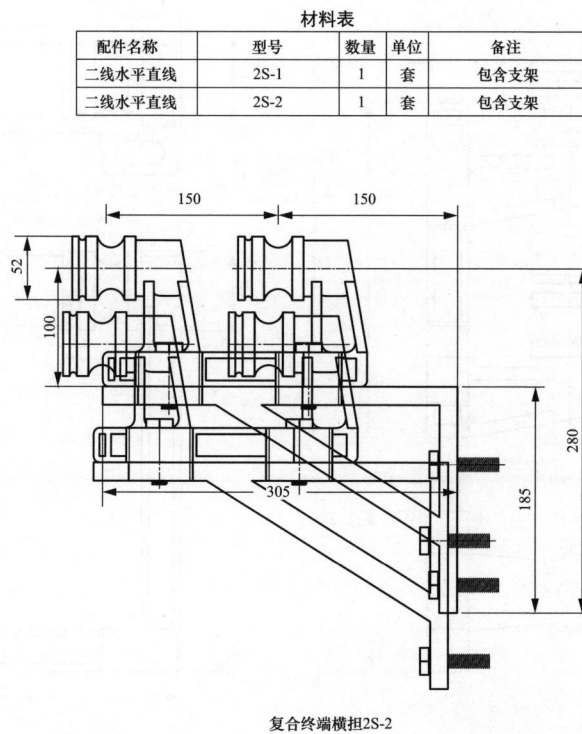

图 3-27　二线复合绝缘横担水平尺寸图

第 4 章 220V 杆上接户方案

4.1 设计说明

4.1.1 导线选型

（1）220V 接户线指配电线路与用户建筑物外第一支持点之间的一段线路。架空接户线推荐采用绝缘导线（JKLYJ 型）。

（2）接户线不应采用聚氯乙烯绝缘导线（BLV、BV 型）。

4.1.2 截面积选用

（1）220V 接户线的导线截面积应根据导线允许载流量选择，每户用电容量可按城镇不低于 8kW、一般乡村不低于 4kW 确定。选择接户线截面积时应留有裕度，以备可预见的户数增加。

（2）接户线采用铝芯绝缘导线，最小截面积不宜小于 $16mm^2$。

（3）中性线（零线）截面积应与相线截面积相同。

（4）220V 杆上接户方案导线型号选取、安全系数及允许最大直线转角角度见表 4-1。

表 4-1 220V 杆上接户方案导线型号选取、安全系数及允许最大直线转角角度

导线型号	导线型号	安全系数			导线允许最大直线转角角度
		A 区	B 区	C 区	
380/220V 绝缘铝导线	JKLYJ-1/16	3	2.5	2.5	15°
	JKLYJ-1/35	3.8	3.2	3.2	15°
	JKLYJ-1/70	4.5	4	4	15°

杆上接户方案不同型号导线的参数见表 4-2。

表 4-2 杆上接户方案不同型号导线的参数

型号	JKLYJ-1-16	JKLYJ-1-35	JKLYJ-1-70
铝芯规格	7×1.75	7×2.52	19×2.25
绝缘厚度（mm）	1.2	1.2	1.4
截面积（mm^2）	16.84	36.85	75.55
外径（mm）	8	11	13.2
单位质量（kg/km）	70	130	241

型号	JKLYJ-1-16	JKLYJ-1-35	JKLYJ-1-70
综合弹性系数（MPa）	59000	59000	56000
线膨胀系数（1/℃）	0.00023	0.00023	0.000023
计算拉断力（N）	2517	5177	10354

4.1.3 绝缘子选取与使用

绝缘子选用 ED 型蝶式瓷绝缘子。

4.1.4 接户线装置方式

本章节为 220V 杆上接户线部分，包含了 12m 杆上计量接户、15m 杆上计量接户方式、接户杆杆上计量 3 种方案。

4.2 设备（装置）的技术要求及说明

接户线架设要求如下：

（1）220V 接户线的档距不宜大于 25m，超过 25m 时宜设接户杆。当距离较长、截面积较大时，宜采取松弛张力放线。

（2）220V 接户线受电端的对地面垂直距离，不应小于 2.7m。

（3）220V 沿墙敷设的接户线两支持点间的距离不应大于 6m，耐张段宜控制在 20～30m 范围内。220V 沿墙敷设接户线的对地垂直距离不小于 2.7m。

（4）低压计量箱安装应注意防雨，在保证安全的条件下，安装后箱体与地面距离不应小于 2m。

（5）跨越街道的接户线至路面中心的垂直距离不应小于下列数值：

1）通车街道，6m；

2）通车困难的街道、人行道，3.5m；

3）不通车的人行道、胡同（里、弄、巷），3m。

（6）低压接户线与建筑物有关部分的距离，不应小于下列数值：

1）接户线与下方窗户的垂直距离，0.3m；

2）接户线与上方阳台或窗户的垂直距离，0.8m；

3）与阳台或窗户的水平距离，0.75m；

4）与墙壁、构架的距离，0.05m。

（7）低压接户线与弱电线路的交叉距离，不应小于下列数值：

1）低压接户线在弱电线路的上方，0.6m；

2）低压接户线在弱电线路的下方，0.3m。

如不能满足上述要求，应采取隔离措施。

（8）接户线与线路导线若为铜铝连接，应有可靠的铜铝过渡措施。不同金属、不同规格、不同绞向的接户线，严禁在档距内连接。跨越通车街道的接户线，不应有接头。

（9）沿墙敷设时距天然气水平净距不小于 0.25m，交叉时净距不小于 0.1m，当明装电线加绝缘套管且套管的两端各伸出燃气管道 10cm 时，套管与燃气管道的交叉净距可降至 1cm（出自 GB 50028—2006）。

4.3　功能要求

满足用户需求，经济、安全、可靠，预留发展空间。

4.4　边界条件

起于引线 T 接处止于用户电表前端。

4.5　接户方案图纸

220V 接户线架空接户线接户方式设计图如图 4-1～图 4-6 所示。

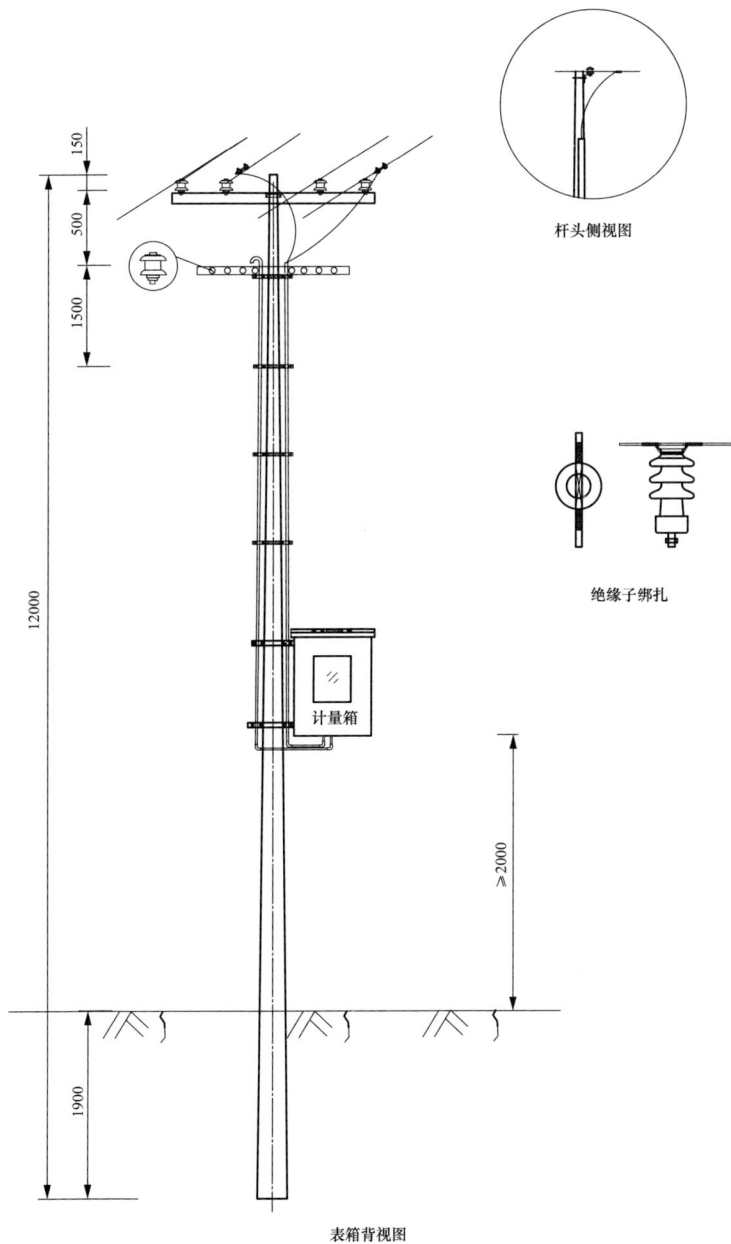

杆头侧视图

绝缘子绑扎

表箱背视图

材料表

物料编码	材料名称	规格型号	加工图图号	固化ID	材料类型	数量	单位	单重（kg）	备注
	线夹	JH线夹				4	个		四色绝缘罩
500027442	绝缘导线	JKLYJ-1-16		A171-500057753-00001		16	m		按实际需求选取
0	引线横担	∠63×6×1500			铁附件	1	根	4.48	
500017325	蝶式绝缘子	ED-2		G002-500017324-00001	绝缘子	2	只	0.00	
	铜、铝接线端子	35.0000				4	个	0.00	
	护套线	BLVVB 2芯				100	m	0.00	
500021527	CPVC穿线管	φ32				16	m	0.00	表箱出线使用
	CPVC管弯头	φ32 90°				8	个	0.00	
	CPVC（直通）接头	φ32				4	个	0.00	
	表箱安装U型抱箍	U16-300	图4-5		铁附件	2	副	1.58	
	表箱安装横担	∠50×5×1000	图4-3		铁附件	2	副	3.56	
	电缆固定支架	DBG 6-200	图4-4		铁附件	1	副	3.55	包含固定电缆端
	电缆固定支架	DBG 6-220	图4-4		铁附件	1	副	3.71	包含固定电缆端
	电缆固定支架	DBG 6-240	图4-4		铁附件	1	副	3.87	包含固定电缆端
	电缆固定支架	DBG 6-260	图4-4		铁附件	1	副	4.05	包含固定电缆端
	电缆固定支架	DBG 6-280	图4-4		铁附件	3	副	4.23	包含固定电缆端
	电缆抱箍	KB G 5-70	图4-4			5	只	0.00	
	螺栓	M16×40（两垫一帽）			铁附件	28	只	0.14	
500136058	电能表箱	电能计量箱，单相，2，不锈钢，40A，悬挂式		G002-500135928-00001		1	只		

说明：1.线夹、蝶式绝缘子等根据导线截面积进行调整；
2.所有铁件均为热镀锌防腐；
3.计量箱安装于杆上，计量箱对地距离≥2000mm，若采用金属计量箱时必须可靠接地，接地扁
铁采用镀锌∠50×5×2500，需涂黄黑间隔色标记，接地极埋深不小于600mm；
4.八眼走线横担与低压引线横担间距为500mm；电缆支架与八眼走线横担间距不小于1500mm；
5.进户线与下户线进入穿管时，需做防水弯处理。

图 4-1　220V杆上计量接户方式示意图（单相）（12m）

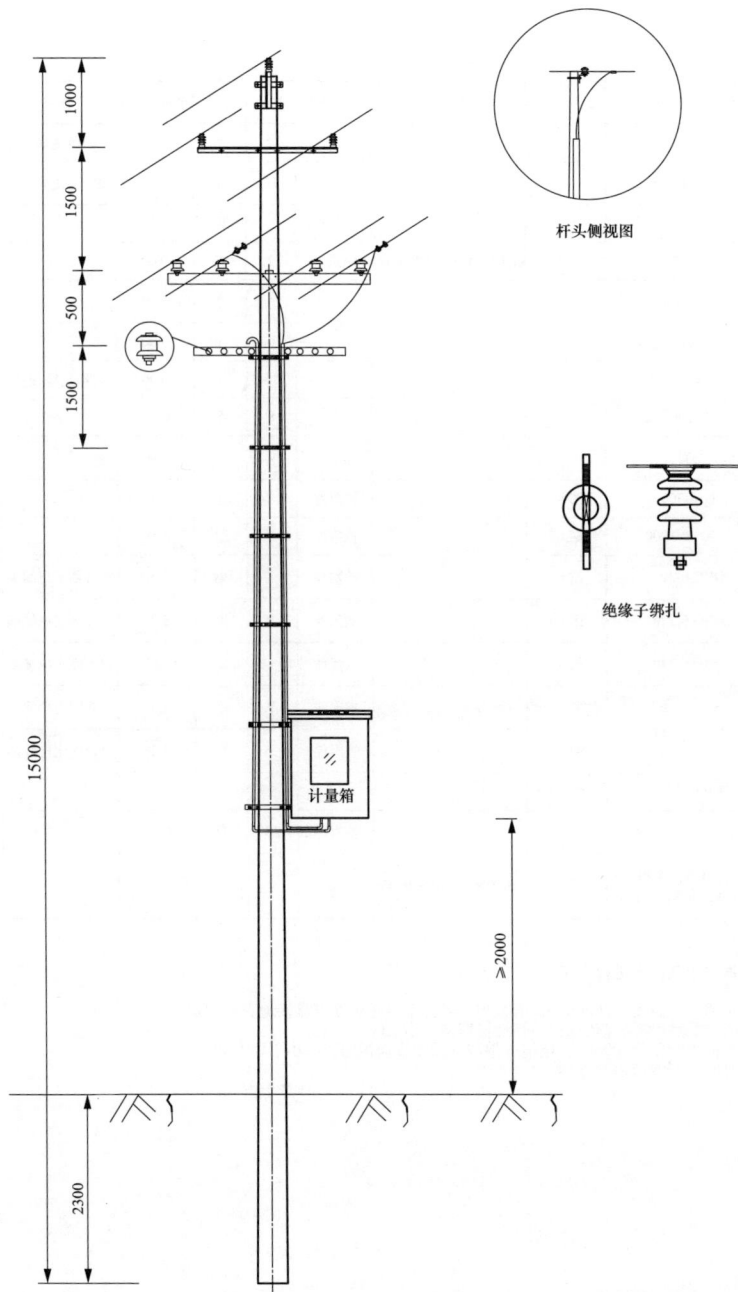

杆头侧视图

绝缘子绑扎

计量箱

材料表

物料编码	材料名称	规格型号	加工图图号	固化ID	材料类型	数量	单位	单重 (kg)	备注
	线夹	JH线夹				4	个		四色绝缘罩
500027442	绝缘导线	JKLYJ-1-16		A171-500057753-00001		16	m		按实际需求选取
	引线横担	∠63×6×1500			铁附件	1	根	4.48	
500017325	蝶式绝缘子	ED-2		G002-500017324-00001	绝缘子	2	只	0.00	
	铜、铝接线端子	35.0000				4	个	0.00	
	护套线	BLVVB 2芯				100	m	0.00	
500021527	CPVC穿线管	φ32				16	m	0.00	表箱出线使用
	CPVC管弯头	φ32 90°				8	个	0.00	
	CPVC（直通）接头	φ32				4	个	0.00	
	表箱安装U形抱箍	U16-300	图4-5		铁附件	2	副	1.58	
	表箱安装抱箍	∠50×5×1000	图4-3		铁附件	2	副	3.56	
	电缆固定支架	DBG 6-200	图4-4		铁附件	1	副	3.55	包含固定电缆端
	电缆固定支架	DBG 6-220	图4-4		铁附件	1	副	3.71	包含固定电缆端
	电缆固定支架	DBG 6-240	图4-4		铁附件	1	副	3.87	包含固定电缆端
	电缆固定支架	DBG 6-260	图4-4		铁附件	1	副	4.05	包含固定电缆端
	电缆固定支架	DBG 6-280	图4-4		铁附件	3	副	4.23	包含固定电缆端
	电缆抱箍	KB G 5-70	图4-4			5	只	0.00	
	螺栓	M16×40（两垫一帽）			铁附件	28	只	0.14	
500136058	电能表箱	电能计量箱，单相，2，不锈钢，40A，悬挂式		G002-500135928-00001		1	只		

说明：1.线夹、蝶式绝缘子等根据导线截面积进行调整；
　　　2.所有铁件均为热镀锌防腐；
　　　3.计量箱安装于杆上，计量箱对地距离≥2000mm，若采用金属计量箱时必须可靠接地，接地扁
　　　　铁采用镀锌∠50×5×2500，需涂黄黑间隔色标记，接地极埋深不小于600mm；
　　　4.八眼走线横担与低压引线横担间距为500mm；电缆支架与八眼走线横担间距不小于1500mm；
　　　5.进户线与下户线进入穿管时，需做防水弯处理。

图 4-2　220V 杆上计量接户方式示意图（单相）（15m）

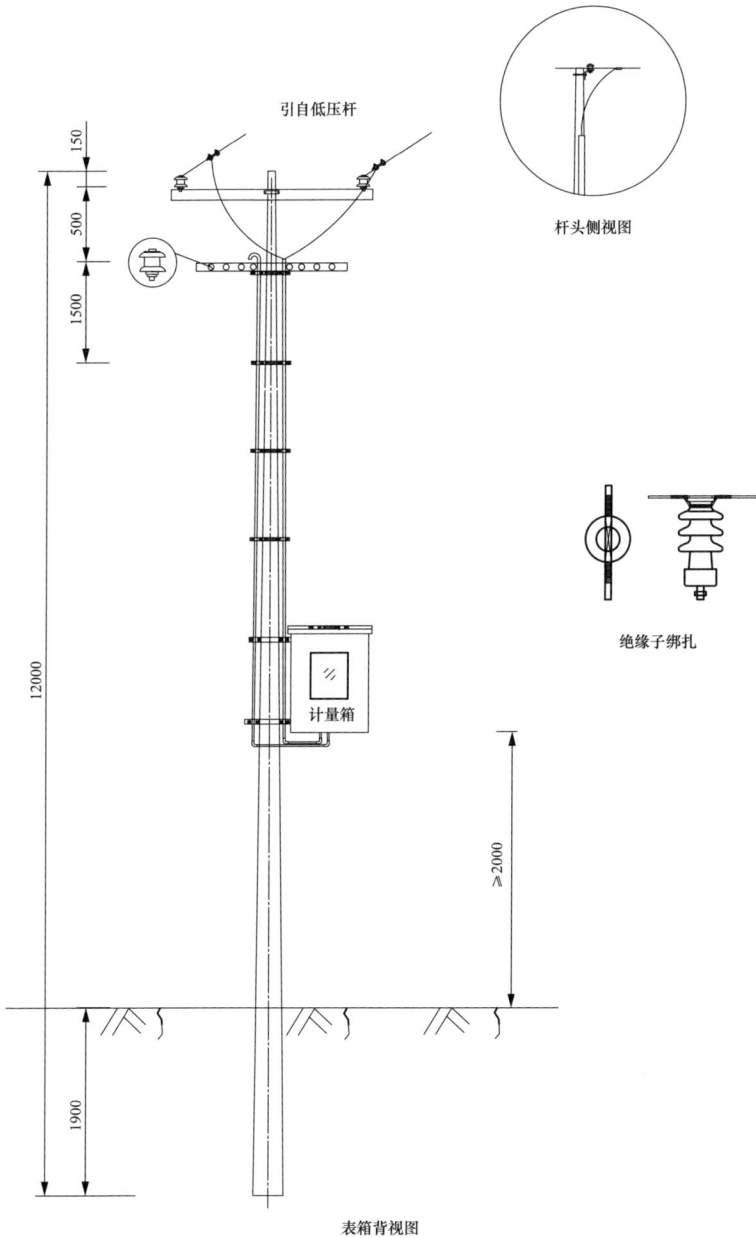

图中标注：
引自低压杆
杆头侧视图
绝缘子绑扎
计量箱
表箱背视图
150 / 500 / 1500 / 12000 / ≥2000 / 1900

材料表

物料编码	材料名称	规格型号	加工图图号	固化ID	材料类型	数量	单位	单重(kg)	备注
	线夹	JH线夹				4	个		四色绝缘罩
500027442	绝缘导线	JKLYJ-1-16		A171-500057753-00001		16	m		按实际需求选取
0	引线横担	∠63×6×1500			铁附件	1	根	4.48	
500017325	蝶式绝缘子	ED-2		G002-500017324-00001	绝缘子	2	只	0.00	
	铜、铝接线端子	35.0000				4	个	0.00	
	护套线	BLVVB 2芯				100	m	0.00	
500021527	CPVC穿线管	φ32				16	m	0.00	表箱出线使用
	CPVC管弯头	φ32 90°				8	个	0.00	
	CPVC（直通）接头	φ32				4	个	0.00	
	表箱安装U形抱箍	∠50×5×488	图4-5		铁附件	2	副	1.58	
	表箱安装抱箍	∠50×5×1000	图4-3		铁附件	2	副	3.56	
	电缆固定支架	DBG 6-200	图4-4		铁附件	1	副	3.55	包含固定电缆端
	电缆固定支架	DBG 6-220	图4-4		铁附件	1	副	3.71	包含固定电缆端
	电缆固定支架	DBG 6-240	图4-4		铁附件	1	副	3.87	包含固定电缆端
	电缆固定支架	DBG 6-260	图4-4		铁附件	1	副	4.05	包含固定电缆端
	电缆固定支架	DBG 6-280	图4-4		铁附件	3	副	4.23	包含固定电缆端
	电缆抱箍	KB G 5-70	图4-4			5	只	0.00	
	螺栓	M16×40（两垫一帽）			铁附件	28	只	0.14	
500136058	电能表箱	电能计量箱，单相，2，不锈钢，40A，悬挂式		G002-500135928-00001		1	只		

说明：1.线夹、蝶式绝缘子等根据导线截面积进行调整；
  2.所有铁件均为热镀锌防腐；
  3.计量箱安装于杆上，计量箱对地距离≥2000mm，若采用金属计量箱时必须可靠接地，接地扁
   铁采用镀锌∠50×5×2500，需涂黄黑间隔色标记，接地极埋深不小于600mm；
  4.八眼走线横担与低压引线横担间距为500mm；电缆支架与八眼走线横担间距不小于1500mm；
  5.进户线与下户线进入穿管时，需做防水弯处理。

图4-3 220V接户杆杆上计量接户方式示意图（单相）（12m）

材料及适用表

型号	角钢		垫铁		总重 (kg)	R (mm)	L1 (mm)	L2 (mm)	适用主杆直径 (mm)
	规格	单重 (kg)	规格	单重 (kg)					
HD07-A15	∠50×5×700	2.64	—50×5×190	0.38	3.02	80	130	190	150~175
HD07-A19	∠50×5×700	2.64	—50×5×243	0.48	3.12	100	150	230	190~215
HD07-B15	∠63×6×700	4.00	—50×5×190	0.38	4.38	80	130	190	150~175
HD07-B19	∠63×6×700	4.00	—50×5×243	0.48	4.48	100	150	230	190~215

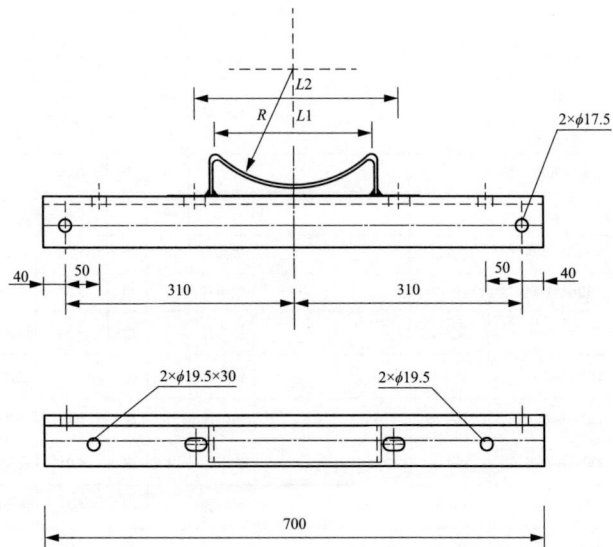

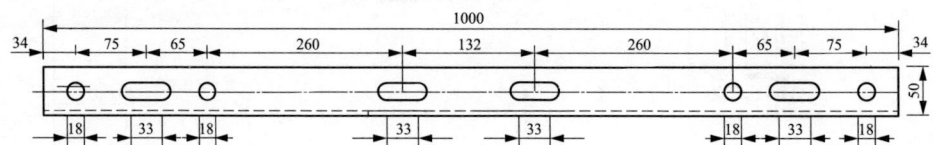

单相表箱安装支架

表箱安装支架

说明：1.铁件均需热镀锌，材料表中的角钢材料为Q235；
　　　2.如同一根杆中使用双侧横担，加工孔时应镜像加工；
　　　3.图中R的尺寸是根据横担安装位置不同确定；
　　　4.扁钢与角钢须四面焊接，且焊缝高度为6mm；
　　　5.表箱安装支架规格为L50×5×1000，数量为1块，重量为3.56kg。

图 4-4　二线横担制造图

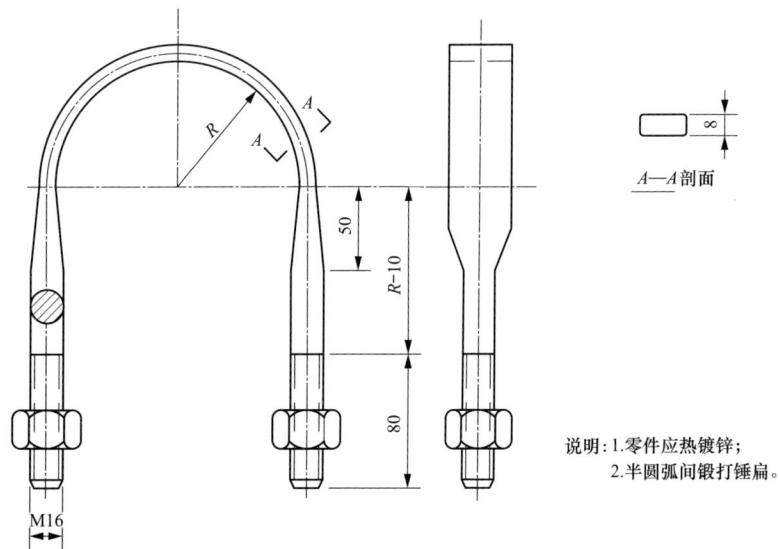

说明：1.零件应热镀锌；
　　　2.半圆弧间锻打锤扁。

规格 (mm)		材料名称	材料规格	下料长度 L (mm)	数量 (根/只)		单重 (kg)		单套重量 (kg)	备 注
型号	半径 R				钢材	螺母	钢材	螺母		
φ163	81	圆钢	φ16	584	1	2	0.93	0.10	1.03	
φ200	100	圆钢	φ16	679	1	2	1.07	0.10	1.17	
φ220	110	圆钢	φ16	731	1	2	1.16	0.10	1.26	
φ230	115	圆钢	φ16	756	1	2	1.20	0.10	1.30	
φ250	125	圆钢	φ16	808	1	2	1.28	0.10	1.38	
φ270	135	圆钢	φ16	859	1	2	1.36	0.10	1.46	
φ280	140	圆钢	φ16	885	1	2	1.40	0.10	1.50	
φ300	150	圆钢	φ16	936	1	2	1.48	0.10	1.58	
φ320	160	圆钢	φ16	988	1	2	1.56	0.10	1.66	
φ350	175	圆钢	φ16	1065	1	2	1.68	0.10	1.78	
φ380	190	圆钢	φ16	1142	1	2	1.80	0.10	1.90	
φ400	200	圆钢	φ16	1193	1	2	1.88	0.10	1.98	

图 4-5　U 形抱箍制造图

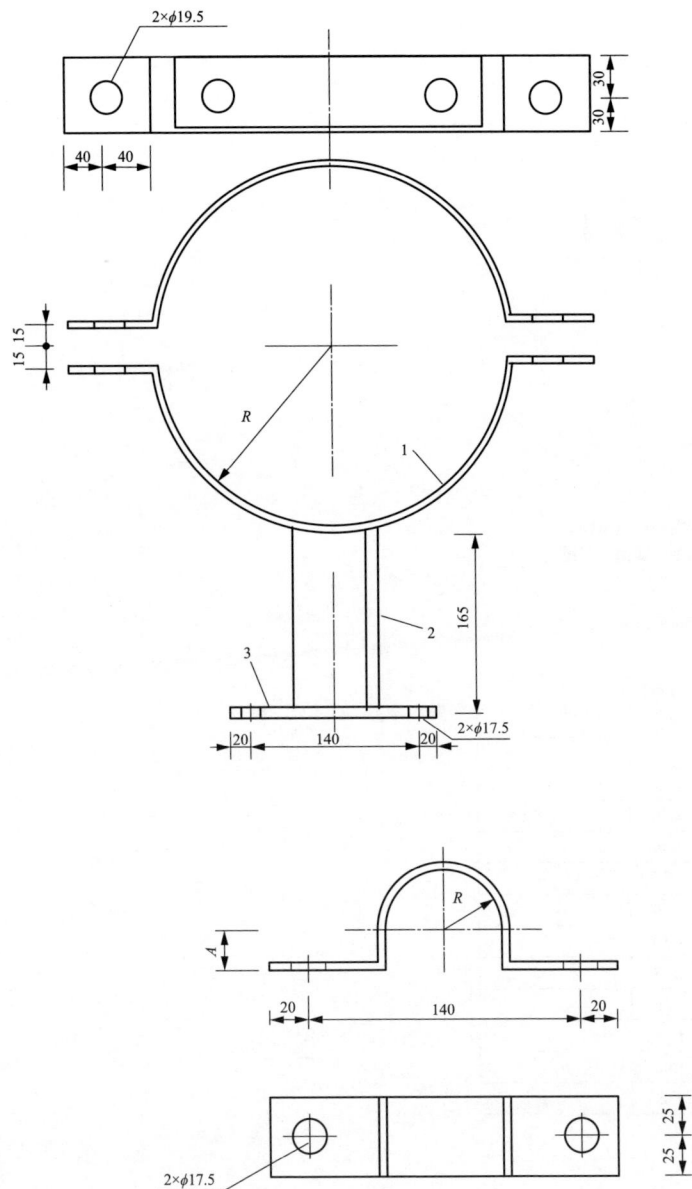

电缆固定支架选用表

型 号	R (mm)	下料长度 L (mm)	单重 (kg)	单位 (副)	总重 (kg)
DBG6-160	80	390	1.10	1	3.17
DBG6-200	100	457	1.29	1	3.55
DBG6-210	150	470	1.33	1	3.63
DBG6-220	110	484	1.37	1	3.71
DBG6-240	120	514	1.45	1	3.87
DBG6-260	130	545	1.54	1	4.05
DBG6-280	140	576	1.63	1	4.23
DBG6-300	150	608	1.72	1	4.41
DBG6-320	160	638	1.81	1	4.59

材料表

编号	名称	设备材料型号	单位	数量	单重 (kg)	备注
1	扁钢	—60×6×L	块	2	见上表	
2	角铁	∠50×5×165	块	1	0.62	
3	扁铁	—50×5×180	块	1	0.35	

选用表

型 号	R (mm)	A	规格	长度 (mm)	单位 (块)	总重 (kg)
KBG5-50	25	15	—50×5	239	1	0.47
KBG5-70	35	25	—50×5	270	1	0.53
KBG5-90	45	35	—50×5	302	1	0.59
KBG5-100	50	40	—50×5	317	1	0.62

说明:1.每副支架配8mm膨胀螺栓2套;

2.穿线管放入支架槽中两端用膨胀螺栓固定;

3.表中A表示通过圆心且平行于底面铁件的垂直距离。

图 4-6　电缆固定抱箍制造图

第 5 章　380V架空接户方案

5.1　设计说明

5.1.1　导线选型

（1）380V接户线指配电线路与用户建筑物外第一支持点之间的一段线路。架空接户线推荐采用绝缘导线（JKLYJ型）。

（2）接户线不应采用聚氯乙烯绝缘导线（BLV、BV型）。

5.1.2　截面积选用

（1）380V接户线的导线截面积应根据导线允许载流量选择，每户用电容量可按城镇不低于8kW、一般乡村不低于4kW确定。选择接户线截面积时应留有裕度，以备可预见的户数增加。

（2）接户线采用铝芯绝缘导线，最小截面积不宜小于$16mm^2$。

（3）中性线（零线）截面积应与相线截面积相同。

（4）380V架空接户方案导线型号选取、安全系数及允许最大直线转角角度见表5-1。

表5-1　380V架空接户方案导线型号选取、安全系数及允许最大直线转角角度

导线型号	导线型号	安全系数			导线允许最大直线转角角度
		A区	B区	C区	
380/220V 绝缘铝导线	JKLYJ-1/16	3	2.5	2.5	15°
	JKLYJ-1/35	3.8	3.2	3.2	15°
	JKLYJ-1/70	4.5	4	4	15°

380V架空接户方案不同型号导线的参数见表5-2。

表5-2　380V架空接户方案不同型号导线的参数

型号	JKLYJ-1-16	JKLYJ-1-35	JKLYJ-1-70
铝芯规格	7×1.75	7×2.52	19×2.25
绝缘厚度（mm）	1.2	1.2	1.4
截面积（mm²）	16.84	36.85	75.55
外径（mm）	8	11	13.2
单位质量（kg/km）	70	130	241

续表

型号	JKLYJ-1-16	JKLYJ-1-35	JKLYJ-1-70
综合弹性系数（MPa）	59000	59000	56000
线膨胀系数（1/℃）	0.00023	0.00023	0.000023
计算拉断力（N）	2517	5177	10354

5.1.3　绝缘子选取与使用

绝缘子选用ED型蝶式瓷绝缘子。

5.1.4　接户线装置方式

本章节为380V架空线接户线部分，包含了架空接户、沿墙敷设接户2类，具体分别为380V分列导线架空单边接户、380V分列导线架空双边接户、380V门型分列导线垂直布线沿墙敷设、380V分列导线轴式绝缘子垂直布线沿墙敷设、380V分列导线低压复合横担垂直布线沿墙敷设、380V分列导线水平布线沿墙敷设、380V分列导线低压复合横担水平布线沿墙敷设接户方式7种方案。

5.2　设备（装置）的技术要求及说明

接户线架设要求如下：

（1）380V接户线的档距不宜大于25m，超过25m时宜设接户杆。当距离较长、截面积较大时，宜采取松弛张力放线。

（2）380V接户线受电端的对地面垂直距离不应小于2.7m。

（3）380V沿墙敷设的接户线两支持点间的距离不应大于6m，耐张段宜控制在20～30m范围内。220V沿墙敷设接户线的对地垂直距离不小于2.7m。

（4）低压计量箱安装应注意防雨，在保证安全的条件下，安装后箱体与地面距离应不小于2m。

（5）跨越街道的接户线至路面中心的垂直距离不应小于下列数值：

1）通车街道，6m；

2）通车困难的街道、人行道，3.5m；

3）不通车的人行道、胡同（里、弄、巷），3m。

（6）低压接户线与建筑物有关部分的距离，不应小于下列数值：

1）接户线与下方窗户的垂直距离，0.3m；

2）接户线与上方阳台或窗户的垂直距离，0.8m；

3）与阳台或窗户的水平距离，0.75m；

4）与墙壁、构架的距离，0.05m。

（7）低压接户线与弱电线路的交叉距离，不应小于下列数值：

1）低压接户线在弱电线路的上方，0.6m；

2）低压接户线在弱电线路的下方，0.3m。

如不能满足上述要求，应采取隔离措施。

（8）接户线与线路导线若为铜铝连接，应有可靠的铜铝过渡措施。不同金属、不同规格、不同绞向的接户线，严禁在档距内连接。跨越通车街道的接户线，不应有接头。

（9）沿墙敷设时距天然气水平不小于 0.25m，交叉时净距不小于 0.1m，

当明装电线加绝缘套管且套管的两端各伸出燃气管道 10cm 时，套管与燃气管道的交叉净距可降至 1cm（出自 GB 50028—2006）。

5.3 功能要求

满足用户需求，经济、安全、可靠，预留发展空间。

5.4 边界条件

起于引线 T 接处止于用户电表前端。

5.5 接户方案图纸

380V 接户线架空接户线接户方式设计图如图 5-1～图 5-32 所示。

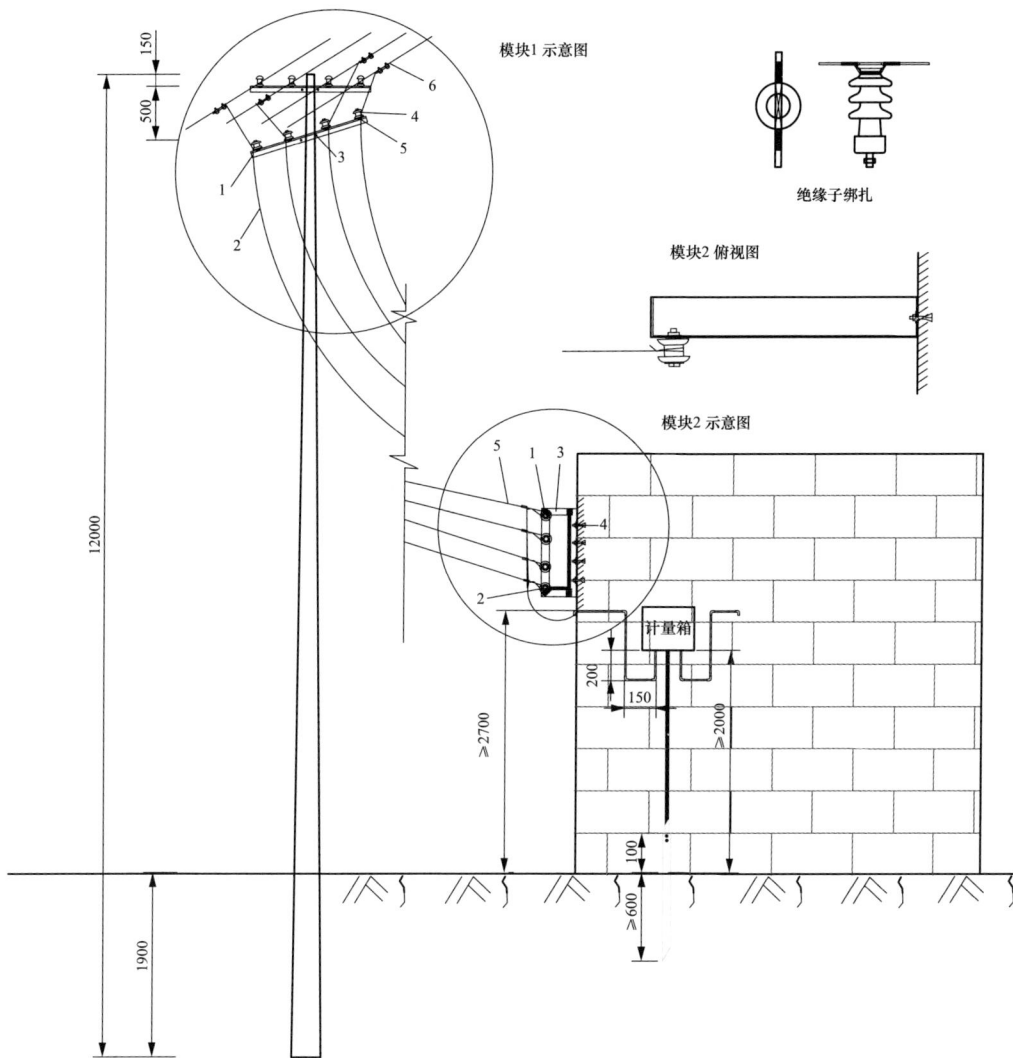

杆上T接材料表

编号	物料编码	材料名称	规格型号	加工图图号	固化ID	材料类型	数量	单位	单重(kg)	备注
1		引线横担	∠63×6×1500	图5-21		铁附件	1	根	4.48	
2	500027442	绝缘导线	JKLYJ-1-35		A171-500057753-00001		4	根	0.00	按实际需求选取（推荐100m）
3		U形抱箍	U16-220			铁附件	1	套	1.26	
4	500017325	蝶式绝缘子	ED-2		G002-500017324-00001	绝缘子	4	只	0.00	
5		螺栓	M16×100（两垫一帽）			铁附件	4	套	0.26	
6		线夹	JH线夹				8	只		

墙侧安装材料表

编号	物料编码	材料名称	规格型号	加工图图号	固化ID	材料类型	数量	单位	单重(kg)	备注
1	500017325	蝶式绝缘子	ED-2		G002-500017324-00001	绝缘子	4	只		
2		螺栓	M16×100（两垫一帽）			铁附件	4	套	0.26	
3		四线垂直布线支架	∠50×5×600	图5-23		铁附件	1	套	7.04	
4		膨胀螺栓	M12×80/100			铁附件	4	只		
5		线夹	JH线夹				4	只		四色绝缘罩

说明：1.线夹、蝶式绝缘子等根据单线截面积进行调整；
2.所有铁附件均热镀锌防腐；
3.如采用金属计量箱时必须可靠接地；
4.支架高度应保持一致，并满足接户线对地净高大于2.7m,两支持点间距尽量均匀，最大不超过6m;
5.若房屋高度不足造成对地距离不足可将墙支架水平180°平移安装。

图5-1　380V分列导线架空单边接户方式示意图（12m）

模块1 示意图

绝缘子绑扎

模块2 俯视图

模块2 示意图

计量箱

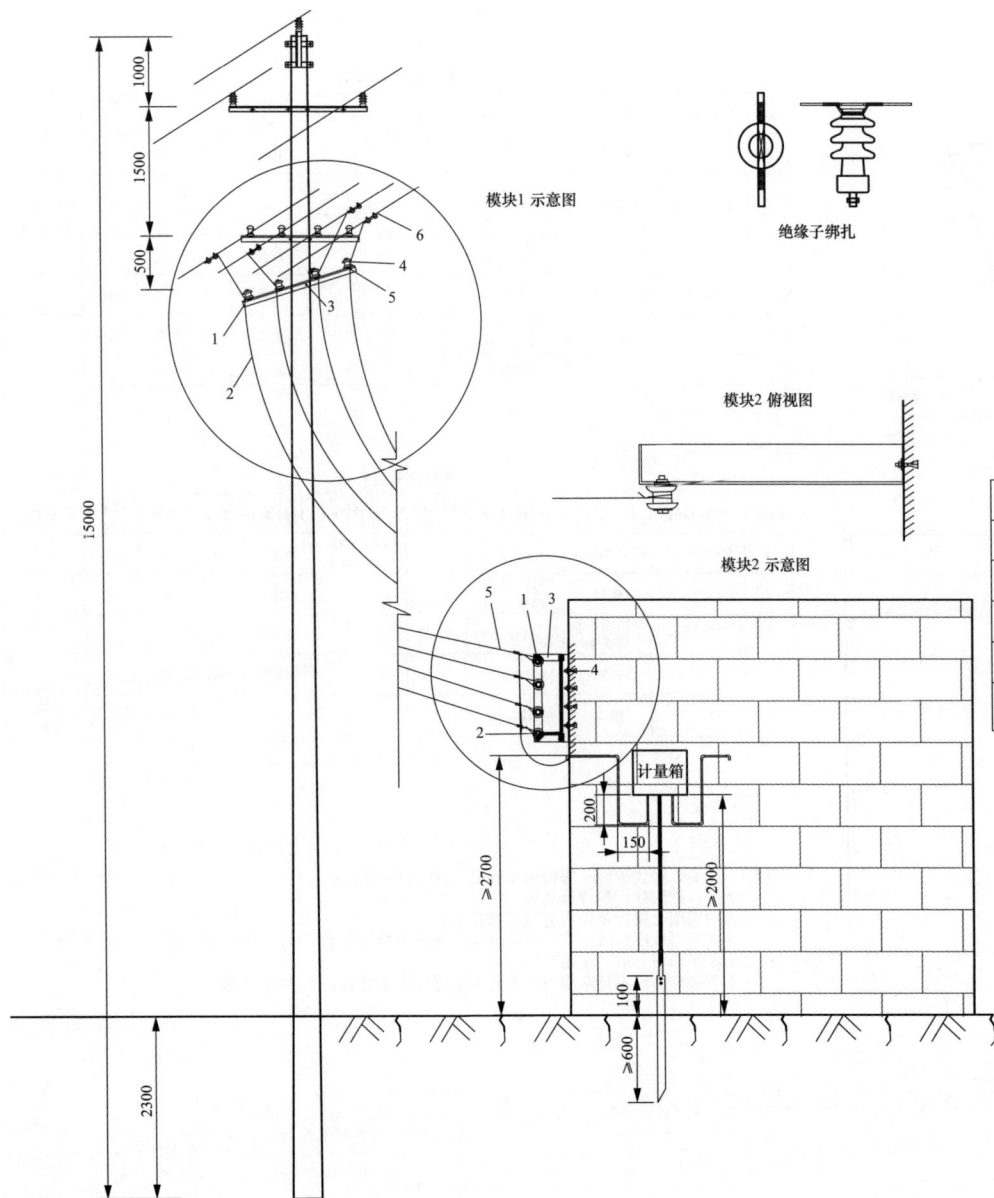

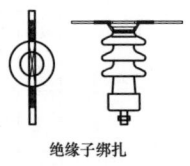

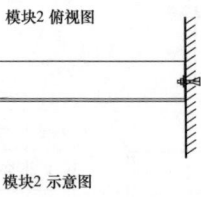

杆上T接材料表

编号	物料编码	材料名称	规格型号	加工图图号	固化ID	材料类型	数量	单位	单重(kg)	备注
1		引线横担	∠63×6×1500	图5-21		铁附件	1	根	4.48	
2	500027442	绝缘导线	JKLYJ-1-35		A171-50005 7753-00001		4	根	0.00	按实际需求选取(推荐100m)
3		U形抱箍	U16-230			铁附件	1	套	1.30	
4	500017325	蝶式绝缘子	ED-2		G002-50001 7324-00001	绝缘子	4	只	0.00	
5		螺栓	M16×100（两垫一帽）			铁附件	4	套	0.26	
6		线夹	JH线夹				8	只		四色绝缘罩

墙侧安装材料表

编号	物料编码	材料名称	规格型号	加工图图号	固化ID	材料类型	数量	单位	单重(kg)	备注
1	500017325	蝶式绝缘子	ED-2		G002-50001 7324-00001	绝缘子	4	只		
2		螺栓	M16×100（两垫一帽）			铁附件	4	套	0.26	
3		四线垂直布线支架	∠50×5×600	图5-23		铁附件	1	套	7.04	
4		膨胀螺栓	M12×80/100			铁附件	4	只		
5		线夹	JH线夹				4	只		四色绝缘罩

说明:1.线夹、蝶式绝缘子等根据单线截面积进行调整;
2.所有铁附件均热镀锌防腐;
3.如采用金属计量箱时必须可靠接地;
4.支架高度应保持一致,并满足接户线对地净高大于2.7m,两支持点间距尽量均匀,最大不超过6m;
5.若房屋高度不足造成对地距离不足可将墙支架水平180°平移安装。

图 5-2　380V 分列导线架空单边接户方式示意图（15m）

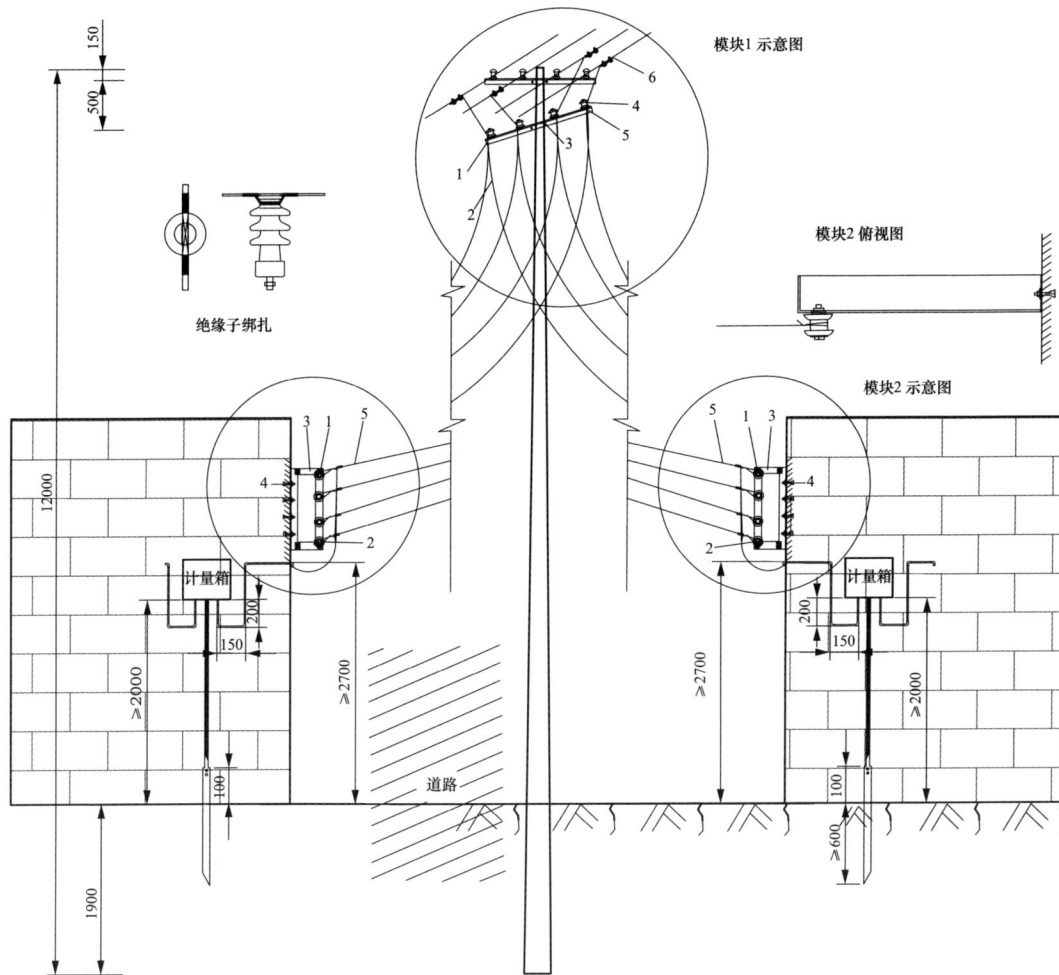

模块1 示意图

模块2 俯视图

模块2 示意图

绝缘子绑扎

杆上T接材料表

编号	物料编码	材料名称	规格型号	加工图图号	固化ID	材料类型	数量	单位	单重(kg)	备注
1		引线横担	∠63×6×1500	图5-21		铁附件	1	根	4.48	
2	500027442	绝缘导线	JKLYJ-1-35		A171-50005 7753-00001		8	根	0.00	按实际需求选取（推荐200m）
3		U形抱箍	U16-220			铁附件	1	套	1.26	
4	500017325	蝶式绝缘子	ED-2		G002-50001 7324-00001	绝缘子	4	只	0.00	
5		螺栓	M16×100 (两垫一帽)			铁附件	4	套	0.26	
6		线夹	JH线夹				8	只		

墙侧安装材料表

编号	物料编码	材料名称	规格型号	加工图图号	固化ID	材料类型	数量	单位	单重(kg)	备注
1	500017325	蝶式绝缘子	ED-2		G002-50001 7324-00001	绝缘子	8	只		
2		螺栓	M16×100 (两垫一帽)			铁附件	8	套	0.26	
3		四线垂直布线支架	∠50×5×600	图5-23		铁附件	2	套	7.04	
4		膨胀螺栓	M12×80/100			铁附件	8	套		
5		线夹	JH线夹				8	只		四色绝缘罩

说明：1. 线夹、蝶式绝缘子等根据单线截面积进行调整；
    2. 所有铁附件均热镀锌防腐；
    3. 如采用金属计量箱时必须可靠接地；
    4. 支架高度应保持一致，并满足接户线对地净高大于2.7m，两支点间距尽量均匀，最大不超过6m；
    5. 若房屋高度不足造成对地距离不足可将墙支架水平180°平移安装。

图 5-3 380V 分列导线架空双边接户方式示意图 1（12m）

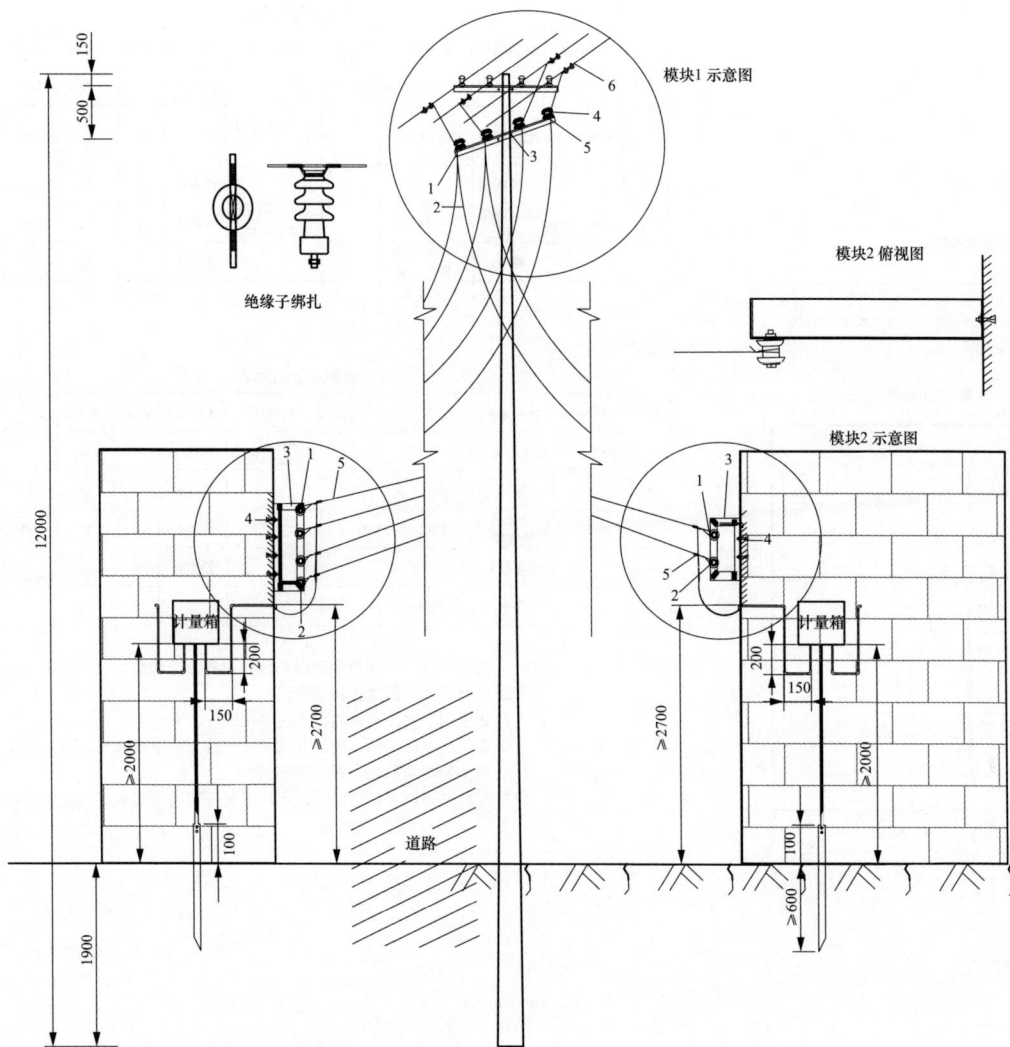

杆上T接材料表

编号	物料编码	材料名称	规格型号	加工图图号	固化ID	材料类型	数量	单位	单重(kg)	备注
1		引线横担	∠63×6×1500	图5-21		铁附件	1	根	4.48	
2	500027442	绝缘导线	JKLYJ-1-35		A171-50005 7753-00001		6	根	0.00	按实际需求选取（推荐150m）
3		U形抱箍	U16-220			铁附件	1	套	1.26	
4	500017325	蝶式绝缘子	ED-2		G002-50001 7324-00001	绝缘子	4	只	0.00	
5		螺栓	M16×100 (两垫一帽)			铁附件	4	套	0.26	
6		线夹	JH线夹				16	只		

墙侧安装材料表

编号	物料编码	材料名称	规格型号	加工图图号	固化ID	材料类型	数量	单位	单重(kg)	备注
1	500017325	蝶式绝缘子	ED-2		G002-50001 7324-00001	绝缘子	6	只		
2		螺栓	M16×100 (两垫一帽)			铁附件	6	套	0.26	
3		四线垂直布线支架	∠50×5×600	图5-23		铁附件	1	套	7.04	
4		二线垂直布线支架	∠50×5×300	图3-21		铁附件	1	套	5.50	
5		膨胀螺栓	M12×80/100			铁附件	6	只		

说明：1.线夹、蝶式绝缘子等根据单线截面积进行调整；
  2.所有铁附件均热镀锌防腐；
  3.如采用金属计量箱时必须可靠接地；
  4.支架高度应保持一致，并满足接户线对地净高大于2.7m，两支持点间距尽量均匀，最大不超过6m；
  5.若房屋高度不足造成对地距离不足可将墙支架水平180°平移安装。

图 5-4　380V 分列导线架空双边接户方式示意图 2（12m）

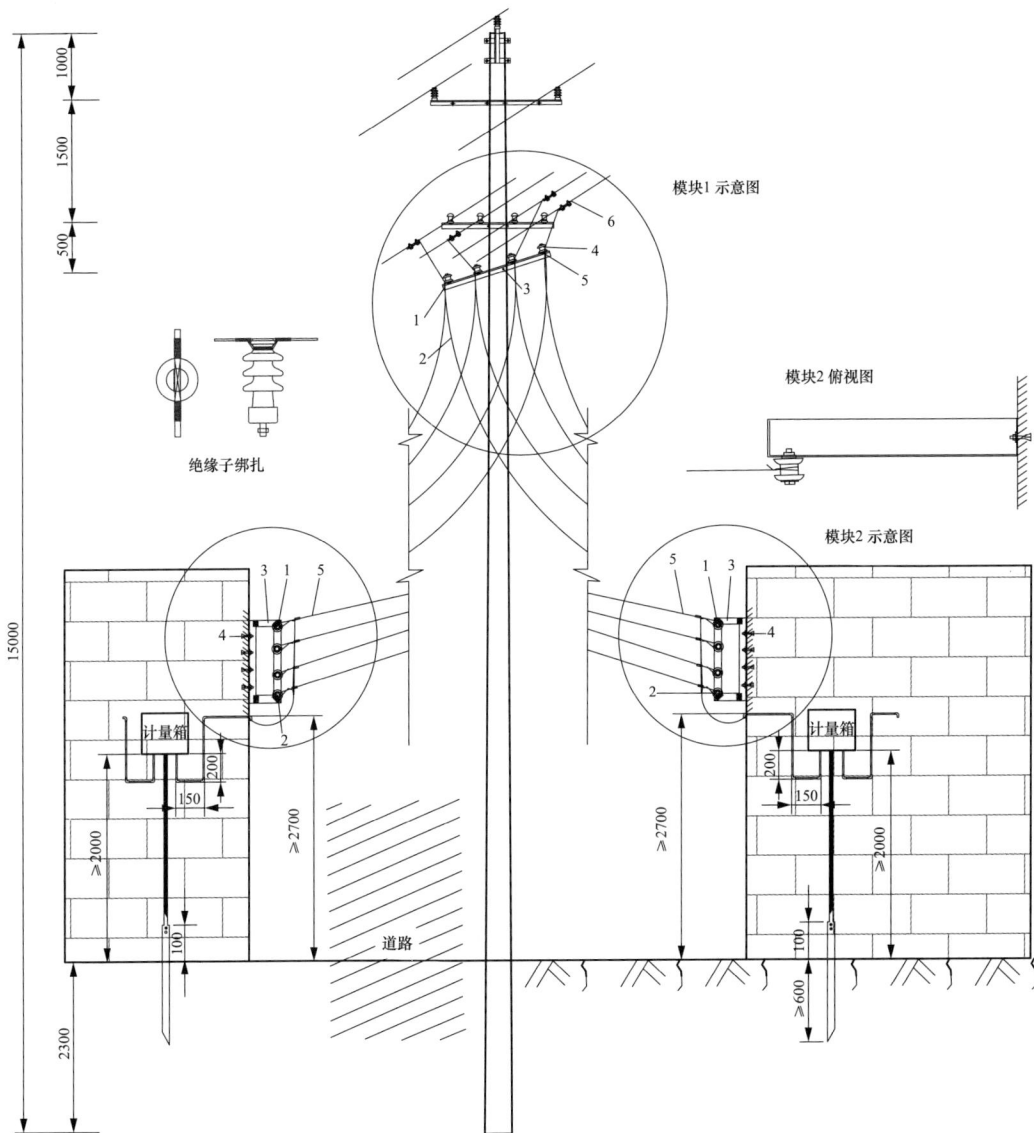

杆上T接材料表

编号	物料编码	材料名称	规格型号	加工图图号	固化ID	材料类型	数量	单位	单重(kg)	备注
1		引线横担	∠63×6×1500	图5-21		铁附件	1	根	4.48	
2	500027442	绝缘导线	JKLYJ-1-35		A171-50005 7753-00001		8	根	0.00	按实际需求选取(推荐200m)
3		U形抱箍	U16-230			铁附件	1	套	1.26	
4	500017325	蝶式绝缘子	ED-2		G002-50001 7324-00001	绝缘子	4	只	0.00	
5		螺栓	M16×100 (两垫一帽)			铁附件	4	套	0.26	
6		线夹	JH线夹				8	只		

墙侧安装材料表

编号	物料编码	材料名称	规格型号	加工图图号	固化ID	材料类型	数量	单位	单重(kg)	备注
1	500017325	蝶式绝缘子	ED-2		G002-50001 7324-00001	绝缘子	8	只		
2		螺栓	M16×100 (两垫一帽)			铁附件	8	套	0.26	
3		四线垂直布线支架	∠50×5×600	图5-23		铁附件	2	套	7.04	
4		膨胀螺栓	M12×80/100			铁附件	8	只		
5		线夹	JH线夹				8	只		四色绝缘罩

说明:1. 线夹、蝶式绝缘子等根据单线截面积进行调整;
2. 所有铁附件均热镀锌防腐;
3. 如采用金属计量箱时必须可靠接地;
4. 支架高度应保持一致,并满足接户线对地净高大于2.7m,两支持点间距尽量均匀,最大不超过6m;
5. 若房屋高度不足造成对地距离不足可将墙支架水平180°平移安装。

图 5-5 380V 分列导线架空双边接户方式示意图 1(15m)

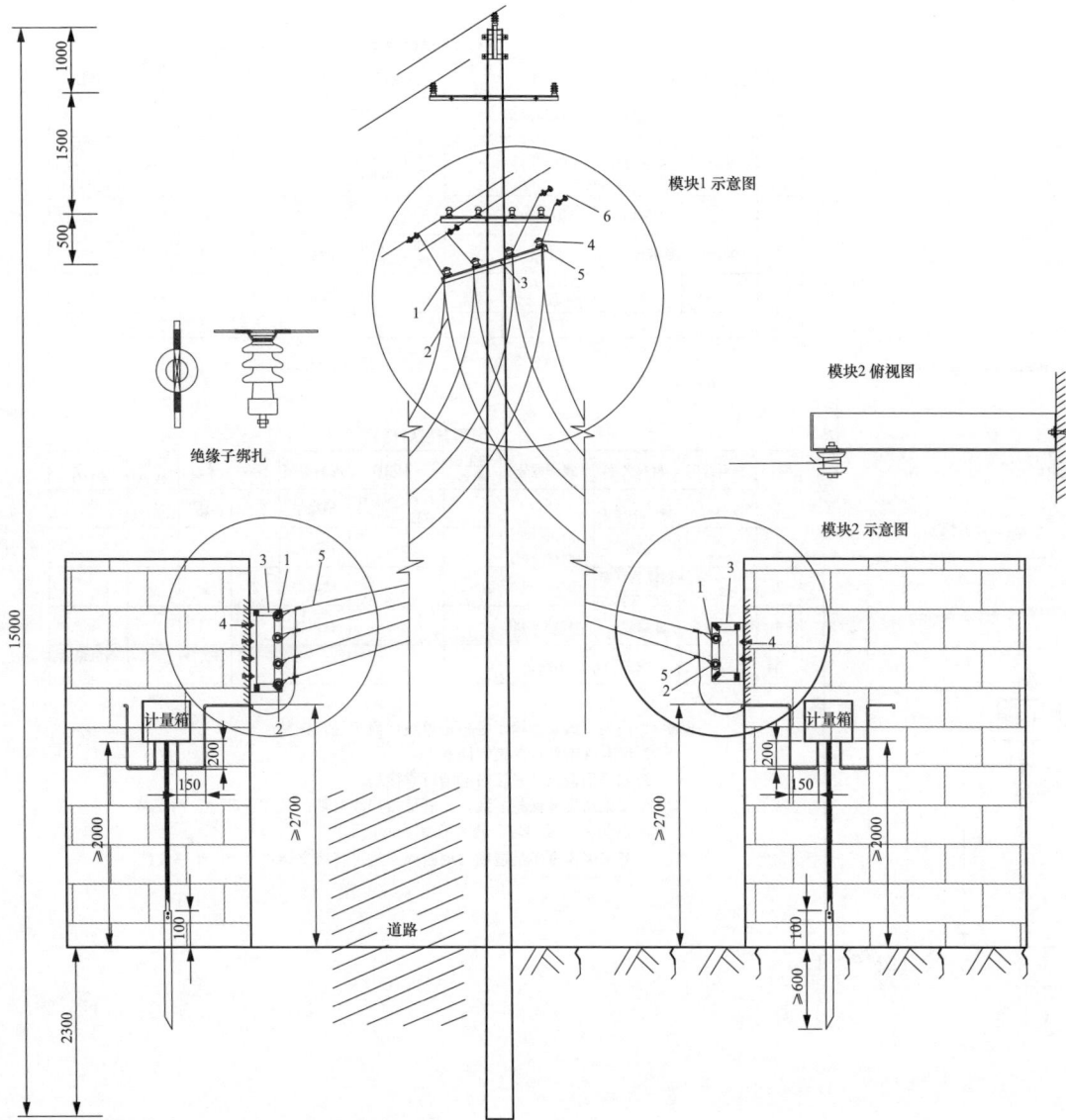

模块1 示意图

模块2 俯视图

绝缘子绑扎

模块2 示意图

计量箱

计量箱

道路

杆上T接材料表

编号	物料编码	材料名称	规格型号	加工图图号	固化ID	材料类型	数量	单位	单重(kg)	备注
1		引线横担	∠63×6×1500	图5-21		铁附件	1	根	4.48	
2	500027442	绝缘导线	JKLYJ-1-35		A171-50005 7753-00001		6	根	0.00	按实际需求选取（推荐150m）
3		U形抱箍	U16-220			铁附件	1	套	1.26	
4	500017325	蝶式绝缘子	ED-2		G002-50001 7324-00001	绝缘子	4	只	0.00	
5		螺栓	M16×100 (两垫一帽)			铁附件	4	套	0.26	
6		线夹	JH线夹				16	只		

墙侧安装材料表

编号	物料编码	材料名称	规格型号	加工图图号	固化ID	材料类型	数量	单位	单重(kg)	备注
1	500017325	蝶式绝缘子	ED-2		G002-50001 7324-00001	绝缘子	6	只		
2		螺栓	M16×100 (两垫一帽)			铁附件	6	套	0.26	
3		四线垂直布线支架	∠50×5×600	图5-21		铁附件	1	套	7.04	
4		二线垂直布线支架	∠50×5×300	图3-21		铁附件	1	套	5.50	
5		膨胀螺栓	M12×80/100			铁附件	6	只		

说明：1. 线夹、蝶式绝缘子等根据单线截面积进行调整；
2. 所有铁附件均热镀锌防腐；
3. 如采用金属计量箱时必须可靠接地；
4. 支架高度应保持一致，并满足接户线对地净高大于2.7m，两支点间距尽量均匀，最大不超过6m；
5. 若房屋高度不足造成对地距离不足可将墙支架水平180°平移安装。

图 5-6 380V 分列导线架空双边接户方式示意图 2 （15m）

模块5俯视图

管

B—B

模块5示意图

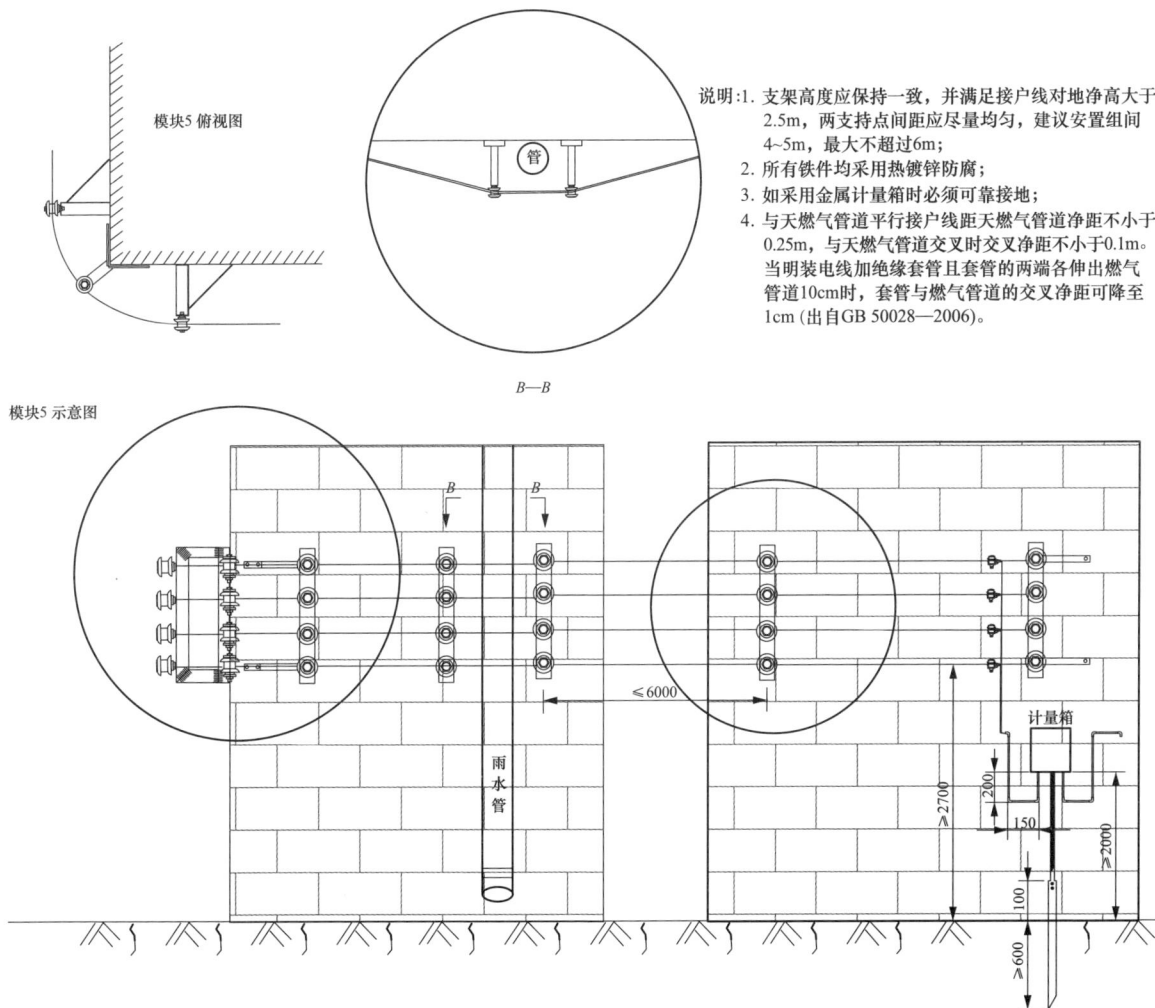

说明：1. 支架高度应保持一致，并满足接户线对地净高大于2.5m，两支持点间距应尽量均匀，建议安置组间4~5m，最大不超过6m；
2. 所有铁件均采用热镀锌防腐；
3. 如采用金属计量箱时必须可靠接地；
4. 与天燃气管道平行接户线距天燃气管道净距不小于0.25m，与天燃气管道交叉时交叉净距不小于0.1m。当明装电线加绝缘套管且套管的两端各伸出燃气管道10cm时，套管与燃气管道的交叉净距可降至1cm（出自GB 50028—2006）。

雨水管

计量箱

≤6000

≥2700

200

150

≥2000

100

≥600

材料表

材料分类	物料编码	材料名称	规格型号	加工图图号	固化ID	材料类型	数量	单位	单重(kg)	备注
四线沿墙垂直敷设—直线		四线垂直布线支架	∠50×5×600	图5-23		铁附件	1	套	7.04	
	500017325	蝶式绝缘子	ED-2		G002-50001 7324-00001	绝缘子	4	只		按实际需求选取
	500027442	绝缘导线	JKLYJ-1-35		A171-50005 7753-00001		4	根		按实际需求选取
	500014805	布电线	布电线，BV，铜，2.5，1		G002-50001 4805-00004		24	m		绑扎线（定额包含物料）
		螺栓	M16×100（两垫一帽）			铁附件	4	套	0.26	
		膨胀螺栓	M12×80/100			铁附件	4	只		
四线沿墙垂直敷设—转角		四线垂直布线支架	∠50×5×600	图5-23		铁附件	2	套	7.04	
	500017325	蝶式绝缘子	ED-2		G002-50001 7324-00001	绝缘子	12	只		按实际需求选取
		圆钢	φ16×310	图5-23		铁附件	4	套	0.49	
		转角四线支架		图5-25		铁附件	1	套	9.00	
	500027442	绝缘导线	JKLYJ-1-35		A171-50005 7753-00001		4	根		按实际需求选取
	500014805	布电线	布电线，BV，铜，2.5，1		G002-50001 4805-00004		24	m		绑扎线（定额包含物料）
		螺栓	M16×100（两垫一帽）				12	套	0.26	
		螺栓	M16×40（两垫一帽）			铁附件	4	套	0.14	
		膨胀螺栓	M12×80/100			铁附件	18	只		
四线沿墙垂直敷设—终端		四线垂直布线支架	∠50×5×600	图5-23		铁附件	1	套	7.04	
	500017325	蝶式绝缘子	ED-2		G002-50001 7324-00001	绝缘子	4	只		按实际需求选取
		圆钢	φ16×310	图5-23		铁附件	2	套	0.49	
	500027442	绝缘导线	JKLYJ-1-35		A171-50005 7753-00001		4	根		按实际需求选取
	500014805	布电线	布电线，BV，铜，2.5，1		G002-50001 4805-00004		8	m		绑扎线（定额包含物料）
		螺栓	M16×100（两垫一帽）			铁附件	4	套	0.26	
		螺栓	M16×40（两垫一帽）			铁附件	2	套	0.14	
		膨胀螺栓	M12×80/100			铁附件	4	只		

图 5-7　380V 分列导线门型垂直布线沿墙敷设示意图（转角、直线、跨越、终端）

材料表

材料分类	物料编码	材料名称	规格型号	加工图图号	固化ID	材料类型	数量	单位	单重（kg）	备注
四线沿墙垂直敷设—直线（街码）		四线垂直支架		图5-28			1	块	4.02	
		轴式绝缘子	EX-2				2	只		
	500027442	绝缘导线	JKLYJ-1-35		A171-50005 7753-00001		2	根		按实际需求选取
	500014805	布电线	布电线，BV，铜，2.5，1		G002-50001 4805-00004	铁附件	8	m		绑扎线（定额包含物料）
		膨胀螺栓	M12×100			绝缘子	2	只		
四线沿墙垂直敷设—转角（街码）		四线墙担托架		图5-24			1	块	7.95	按实际需求选取
		四线垂直支架		图5-28			4	块	4.02	
		轴式绝缘子	EX-2				8	只		
		连板	—50×5×420	图5-28			4	块	0.82	
	500027442	绝缘导线	JKLYJ-1-35		A171-50005 7753-00001		2	根		按实际需求选取
	500014805	布电线	布电线，BV，铜，2.5，1		G002-50001 4805-00004	铁附件	8	m		绑扎线（定额包含物料）
		膨胀螺栓	M12×100			绝缘子	8	只		
		线夹	JH线夹			铁附件	2	只		
四线沿墙垂直敷设—终端（街码）		四线垂直支架		图5-28			1	块	4.02	
		轴式绝缘子	EX-2				2	只		
	500027442	绝缘导线	JKLYJ-1-35		A171-50005 7753-00001		2	根		按实际需求选取
	500014805	布电线	布电线，BV，铜，2.5，1		G002-50001 4805-00004	铁附件	8	m		绑扎线（定额包含物料）
		膨胀螺栓	M12×100			铁附件	2	只		
		拉铁		图5-28		铁附件	3	只	0.28	
		线夹	JH线夹			铁附件	2	只		

A—A

B—B

管

≤6000

雨水管

计量箱

≥2700

200

150

≥2000

100

≥600

说明：1. 支架高度应保持一致，并满足接户线对地净高大于
2.5m，两支持点间距应尽量均匀，建议安置组间
4~5m，最大不超过6m；
2. 所有铁件均采用热镀锌防腐；
3. 如采用金属计量箱时必须可靠接地；
4. 与天燃气管道平行接户线距天燃气管道净距不小于
0.25m，与天燃气管道交叉时交叉净距不小于0.1m。
当明装电线加绝缘套管且套管的两端各伸出燃气
管道10cm时，套管与燃气管道的交叉净距可降至
1cm（出自GB 50028—2006）。

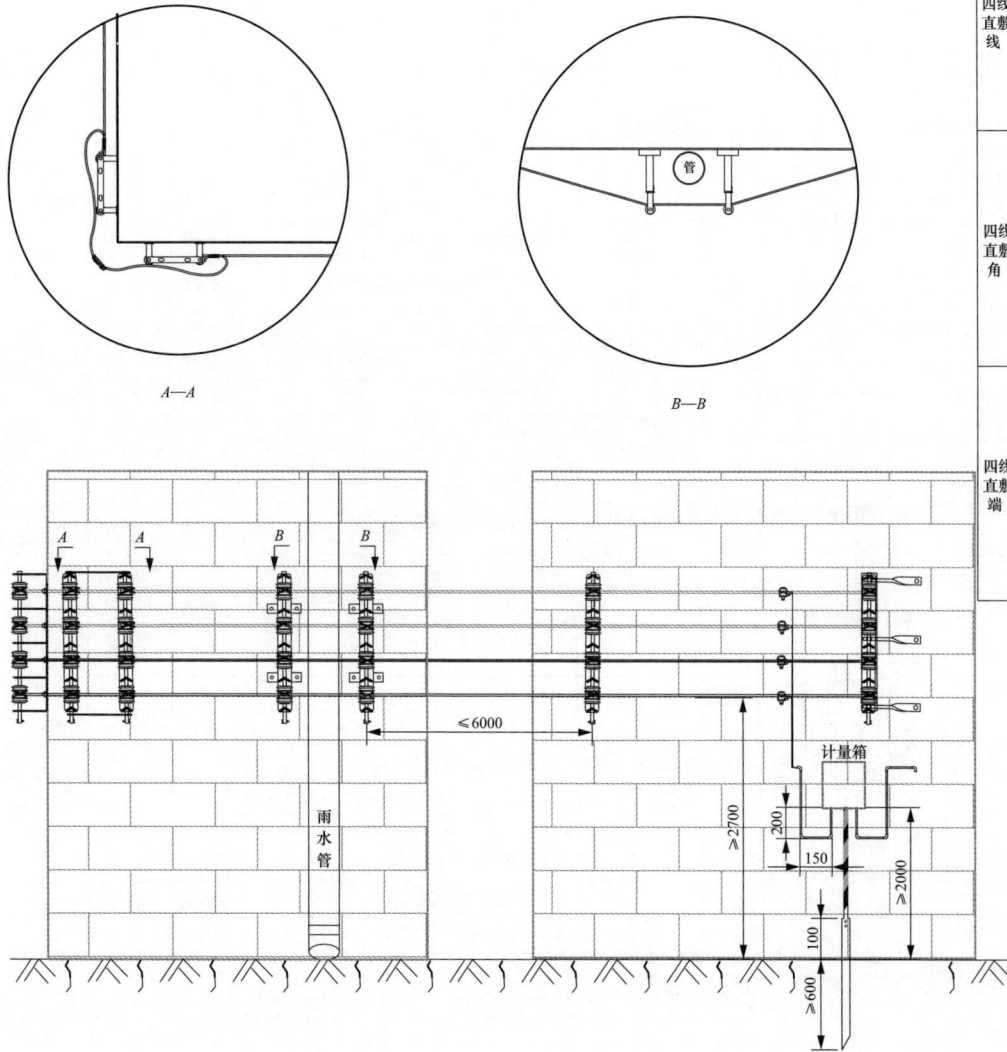

图 5-8 380V 分列导线轴式绝缘子垂直布线沿墙敷设示意图（转角、直线、跨越、终端）

说明：1.支架高度应保持一致，并满足接户线对地净高大于2.5m，两支持点间距应尽量均匀，建议安置组间4~5m，最大不超过6m；
2.所有铁件均采用热镀锌防腐；
3.如采用金属计量箱时必须可靠接地；
4.与天燃气管道平行接户线距天燃气管道净距不小于0.25m，与天燃气管道交叉时交叉净距不小于0.1m。当明装电线加绝缘套管且套管的两端各伸出燃气管道10cm时，套管与燃气管道的交叉净距可降至1cm（出自GB 50028—2006）。

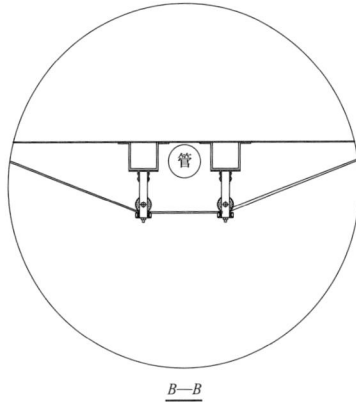

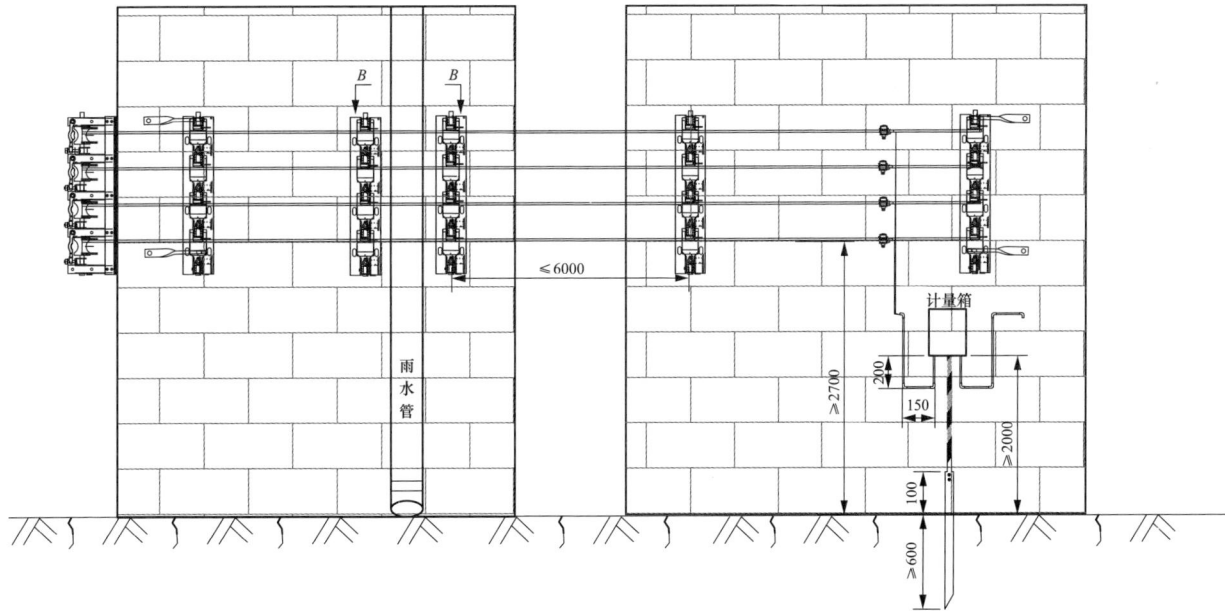

B—B

材料表

	物料编码	配件名称	型号	数量	单位	尺寸
过障碍		四位街码铁件	575×110×185	1	套	厚度1.5~3.0mm
		撑高支架	196×60×100	2	个	厚度4mm
		支架螺栓	M12×65	4	颗	
		街码固定螺栓	M12×30	4	颗	
		圆杆	Q575	1	根	
		绝缘子1		4	个	
		压线板套装		4	套	包含压线板螺栓支架×4+转轴螺栓M4×45×4pcs+辅助压板×4+螺栓保护罩子×4+盖板×4
π形支架		四位街码铁件	575×110×180	1	套	厚度1.5~3.0mm
		回拉杆		2	个	厚度4mm
		回拉杆螺栓	M12×65	2	颗	
		街码螺栓	M12×65	6	颗	
		圆杆		1	根	φ14
		绝缘子1		4	个	
		终端紧线器		8	套	
线路T接		四位街码铁件	575×110×160	1	套	厚度1.5~3.0mm
		回拉杆		2	个	厚度4mm
		街码螺栓	M12×65	6	颗	
		圆杆		1	根	φ14
		中间紧线器		4	个	
		终端紧线器		8	套	
		绝缘子1		4	个	
		绝缘子2		4	个	
回拉		四位街码铁件	575×110×170	1	套	厚度1.5~3.0mm
		回拉杆		2	个	厚度4mm
		回拉杆螺栓	M12×65	2	颗	
		街码螺栓	M12×65	6	颗	
		圆杆		1	根	φ14
		终端紧线器		8	个	
		绝缘子1		4	个	
		压线板套装		4	套	包含压线板螺栓支架×4+转轴螺栓M4×45×4pcs+辅助压板×4+螺栓保护罩子×4+盖板×4
进户线		二位街码铁件	300×110×175	1	套	厚度1.5~3.0mm
		街码螺栓	M12×65	4	颗	
		圆杆		1	根	φ14
		绝缘子1		2	颗	
		压线板套装		2	套	包含压线板螺栓支架×2+转轴螺栓M4×45×2pcs+辅助压板×2+螺栓保护罩子×2+盖板×2

图 5-9　380V 分列导线低压复合横担垂直布线沿墙敷设示意图（转角、直线、跨越、终端）

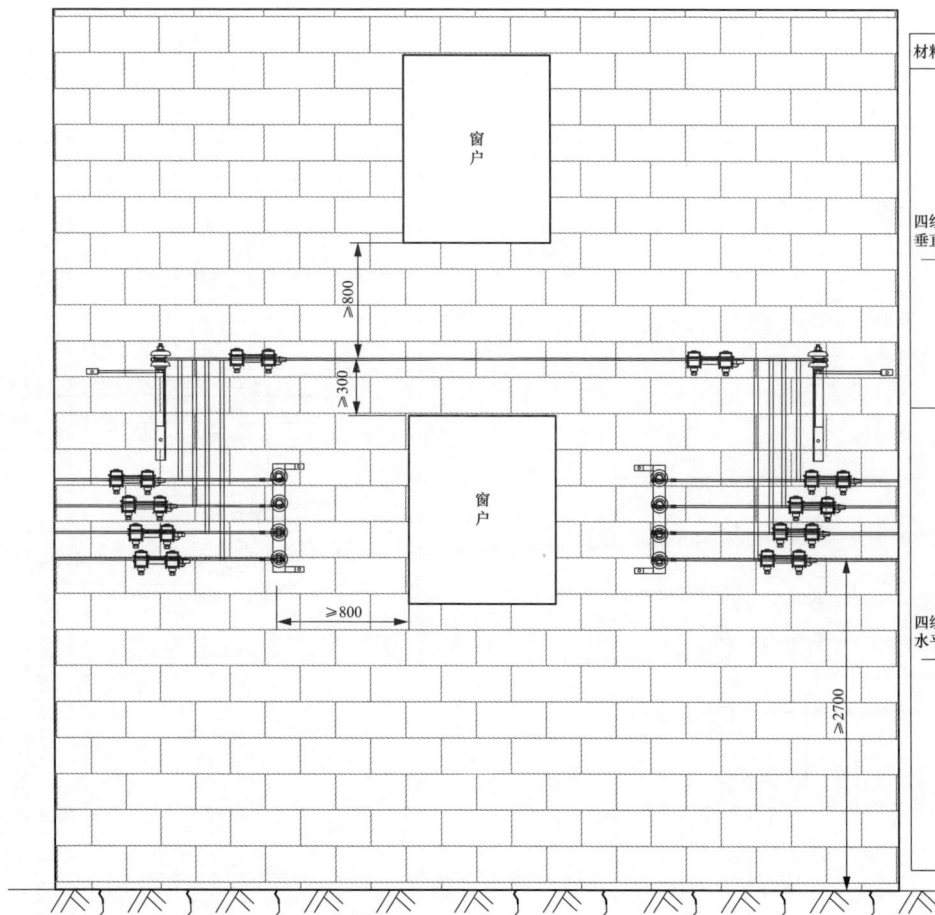

材料表

材料分类	物料编码	材料名称	规格型号	加工图图号	固化ID	材料类型	数量	单位	单重(kg)	备注
四线沿墙垂直敷设—终端		四线垂直布线支架	∠50×5×600	图5-23		铁附件	2	套	7.04	
	500017325	蝶式绝缘子	ED-2		G002-50001 7324-00001	绝缘子	8	只		按实际需求选取
		圆钢	φ16×310	图5-23		铁附件	4	套	0.49	
	500027442	绝缘导线	JKLYJ-1-35		A171-50005 7753-00001		8	根		按实际需求选取
	500014805	布电线	布电线，BV，铜，2.5，1		G002-50001 4805-00004		16	m		绑扎线（定额包含物料）
		螺栓	M16×100（两垫一帽）			铁附件	8	套	0.26	
		螺栓	M16×40（两垫一帽）			铁附件	4	套	0.14	
		膨胀螺栓	M12×80/100			铁附件	8	只		
四线沿墙水平敷设—终端		四线水平布线支架		图5-26、图5-27		铁附件	2	块	15.91	
	500017325	蝶式绝缘子	ED-2		G002-50001 7324-00001	绝缘子	8	只		
		斜拉杆	φ16×960	图5-26、图5-27		铁附件	2	块	1.52	
	500027442	绝缘导线	JKLYJ-1-35		A171-50005 7753-00001		8	根		按实际需要选取
	500014805	布电线	布电线，BV，铜，2.5，1		G002-50001 4805-00004		16	m		绑扎线（定额包含物料）
		螺栓	M16×100（两垫一帽）			铁附件	8	只	0.26	
		螺栓	M16×40（两垫一帽）			铁附件	8	只	0.14	
		螺栓	M12×40			铁附件	2	只	0.08	
		膨胀螺栓	M12×80/100			铁附件	6	只		
		N形拉板	—60×8	图5-26		铁附件	16	块	2.04	
		线夹	JH线夹				24	只		按实际需要选取

图 5-10 380V 分列导线门型垂直接线方式避障敷设示意图

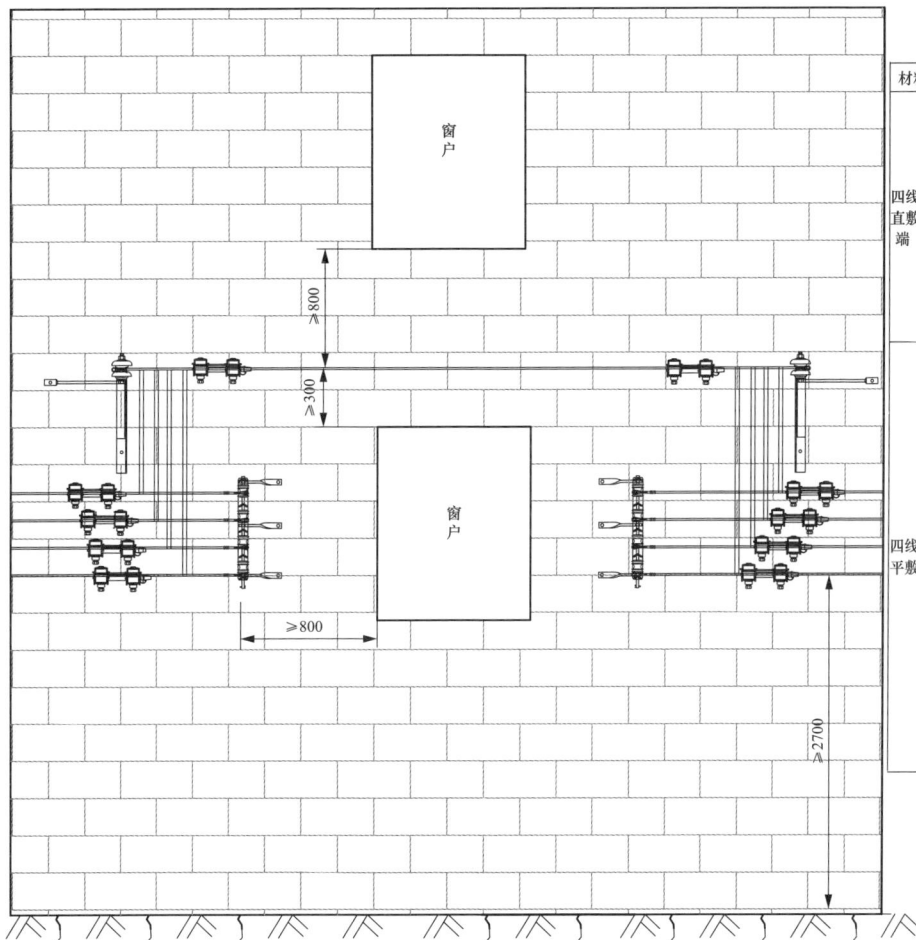

材料表

材料分类	物料编码	材料名称	规格型号	加工图图号	固化ID	材料类型	数量	单位	单重(kg)	备注
四线沿墙垂直敷设—终端(街码)		四线垂直支架		图5-28			2	块	4.02	
		轴式绝缘子	EX-2				8	只		
	500027442	绝缘导线	JKLYJ-1-35		A171-50005 7753-00001		8	根		按实际需求选取
	500014805	布电线	布电线,BV,铜,2.5,1		G002-50001 4805-00004		16	m		绑扎线(定额包含物料)
		膨胀螺栓	M12×100			铁附件	8	只		
		拉铁		图5-28		铁附件	6	只	0.28	
		线夹	JH线夹			铁附件	8	只		
四线沿墙水平敷设终端		四线水平布线支架		图5-26、图5-27		铁附件	2	块	15.91	
	500017325	蝶式绝缘子	ED-2		G002-50001 7324-00001	绝缘子	8	只		
		斜拉杆	ϕ16×960	图5-26、图5-27		铁附件	2	块	1.52	
	500027442	绝缘导线	JKLYJ-1-35		A171-50005 7753-00001		8	根		按实际需要选取
	500014805	布电线	布电线,BV,铜,2.5,1		G002-50001 4805-00004		16	m		绑扎线(定额包含物料)
		螺栓	M16×100(两垫一帽)			铁附件	8	只	0.26	
		螺栓	M16×40(两垫一帽)			铁附件	8	只	0.14	
		螺栓	M12×40			铁附件	2	只	0.08	
		膨胀螺栓	M12×80/100			铁附件	6	只		
		N形拉板	—60×8	图5-26、图5-27		铁附件	16	块	2.04	
		线夹	JH线夹			铁附件	8	只		按实际需要选取

窗户

≥800

≥300

≥800

≥2700

图 5-11　380V 分列导线轴式绝缘子垂直接线方式避障敷设示意图

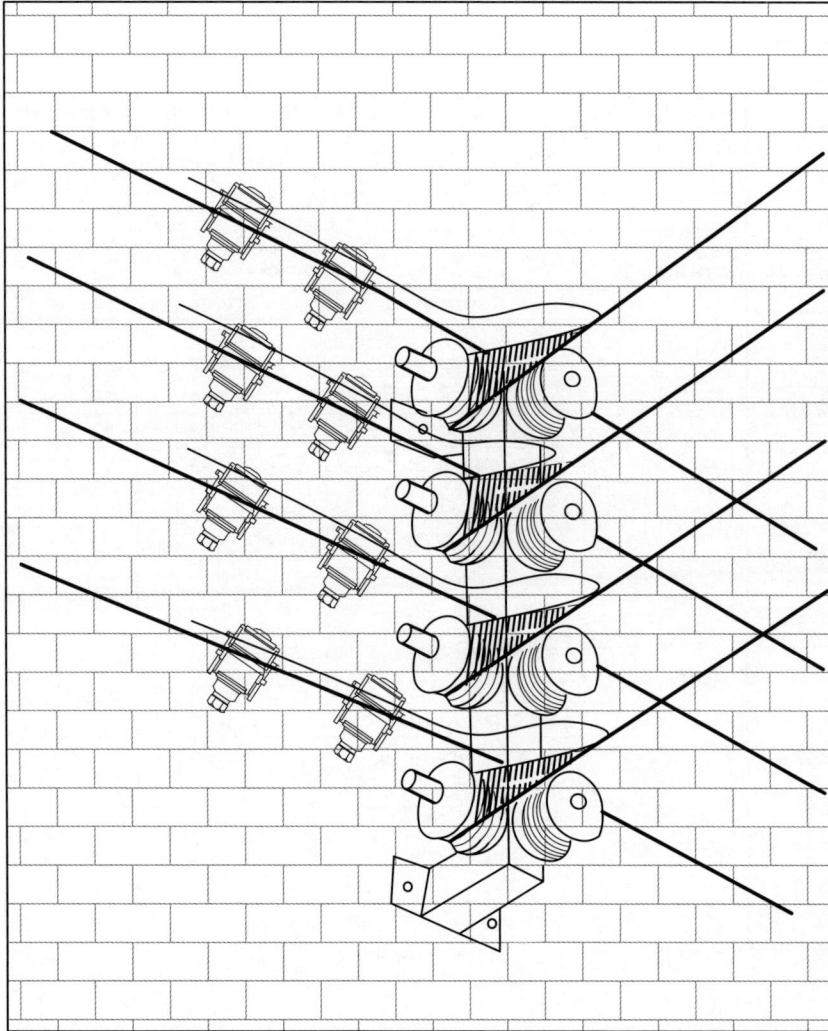

材料表

物料编码	材料名称	规格型号	加工图图号	固化ID	材料类型	数量	单位	单重(kg)	备注
	四线垂直布线支架	∠50×5×600	图5-23		铁附件	2	套	7.04	
500017325	蝶式绝缘子	ED-2		G002-500017324-00001	绝缘子	16	只	0.00	按实际需求选取
500027442	绝缘导线	JKLYJ-1-35		A171-500057753-00001		8	根		按实际需求选取
500014805	布电线	布电线，BV，铜，2.5，1		G002-500014805-00004		32	m	0.00	绑扎线（定额包含物料）
	螺栓	M16×100（两垫一帽）			铁附件	16	套	0.26	
	膨胀螺栓	M12×80/100			铁附件	8			

图 5-12　380V 分列导线垂直分支敷设示意图

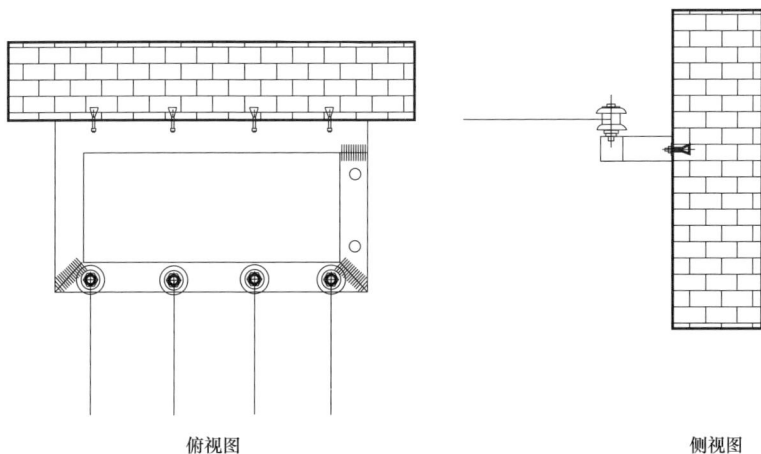

材料表

物料编码	材料名称	规格型号	加工图图号	固化ID	材料类型	数量	单位	单重(kg)	备注
	四线垂直布线支架	∠50×5×600	图5-23		铁附件	2	套	7.04	
500017325	蝶式绝缘子	ED-2		G002-50001 7324-00001	绝缘子	8	只	0.00	按实际需求选取
	圆钢	φ16×310	图5-23		铁附件	4	套	0.49	
500027442	绝缘导线	JKLYJ-1-35		A171-50005 7753-00001		8	根	0.00	按实际需求选取
500014805	布电线	布电线，BV，铜，2.5，1		G002-50001 4805-00004		16	m	0.00	绑扎线（定额包含物料）
	螺栓	M16×100（两垫一帽）			铁附件	8	套	0.26	
	螺栓	M16×40（两垫一帽）			铁附件	4	套	0.14	
	膨胀螺栓	M12×80/100			铁附件	8	只		

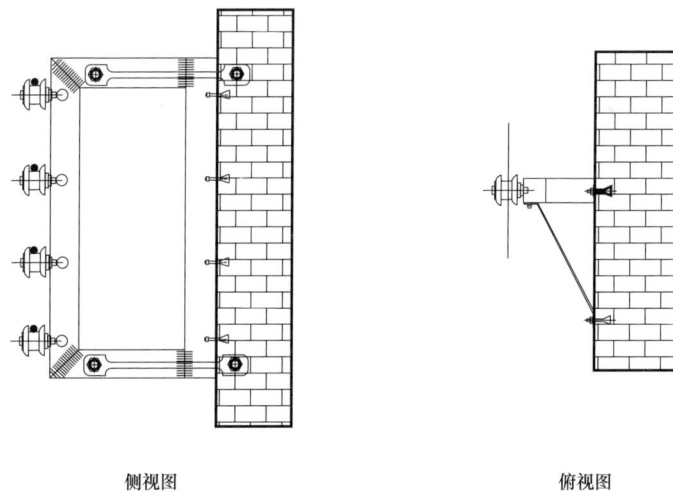

俯视图　　　　　　　　侧视图

说明：1.图中所示为四线导线支架，若墙体有附着物时，横担予以加长；
　　　2.所有材料均须热镀锌防腐；
　　　3.所有材料材质均为Q235；
　　　4.根据选取的绝缘子固定螺栓的规格，确定安装孔径d（M16螺栓取17.5，M18螺栓取19.5，M20螺栓取21.5）；
　　　5.本横担如用于直线转角横担，根据要求调整使用。

侧视图　　　　　　　　俯视图

图 5-13　380V 分列导线垂直布线沿墙敷设示意图（终端）

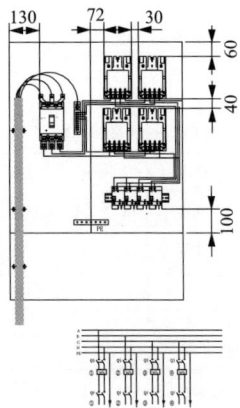

（单相4表位）

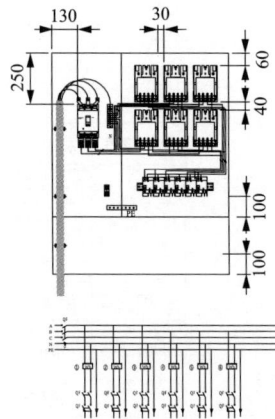

（单相6表位）

材料表

物料编码	材料名称	规格型号	加工图图号	固化ID	材料类型	数量	单位	单重(kg)	备注
500136150	表箱	电能计量箱，悬挂式		G002-5001 35928-00001		1	只		单相
500027442	电表箱进线	JKLYJ-1-35				40	m		单根按10m计算
	线夹	JH线夹				4	套		四色绝缘罩
	接地极					1	套		
	膨胀螺丝	M12×80/100			铁附件	12	套		
	CPVC穿线管	φ32				8	m		进线、出线
	CPVC管卡	φ32				10	个		
	CPVC管弯头	φ32 90°				6	个		
500014807	布电线	布电线，BV，铜，10，1		G002-50001 4805-00004		30	m		按实际需求选取

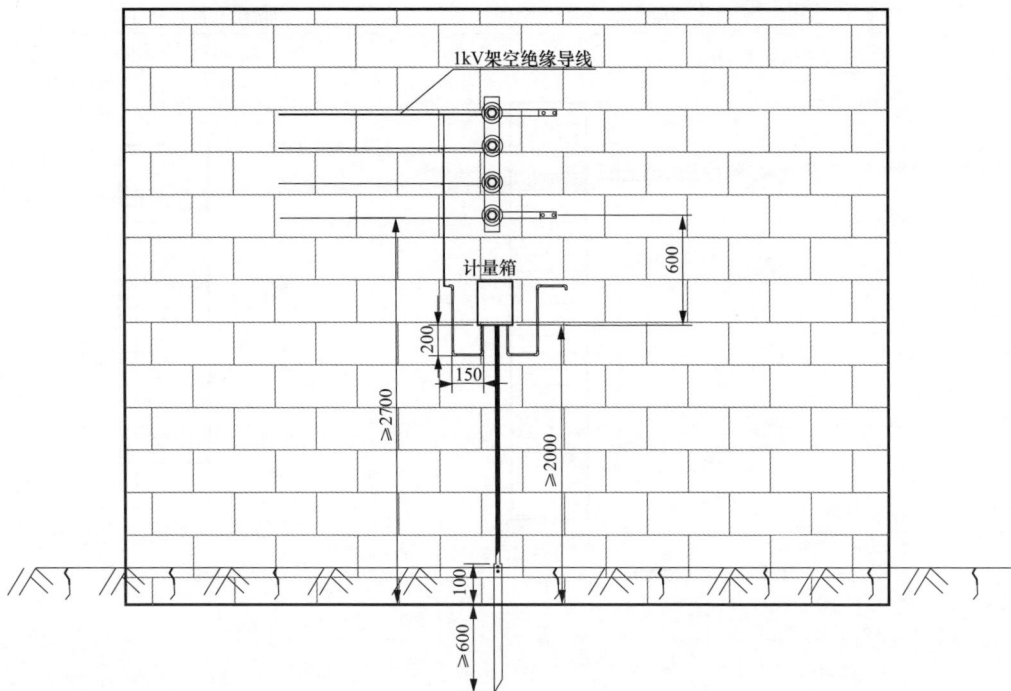

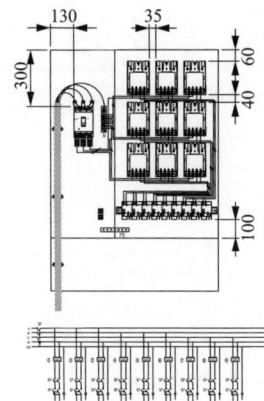

（单相9表位）

表箱内部接线图

说明：电表箱的位置可以根据现场情况适当调整高度，适当增减相应材料长度。

图 5-14　380V 分列导线垂直布线沿墙敷设 1 表箱引下示意图

说明：1.支架高度应保持一致，并满足接户线对地净高大于2.5m，两支持点间距应尽量均匀，建议安装组间4~5m，最大不超过6m；
2.所有铁件均采用热镀锌防腐；
3.如采用金属计量箱时必须可靠接地；
4.与天燃气管道平行接户线距天燃气管道净距不小于0.25m，与天燃气管道交叉时交叉净距不小于0.1m。当明装电线加绝缘套管且套管的两端各伸出燃气管道10cm时，套管与燃气管道的交叉净距可降至1cm（出自GB 50028—2006）。

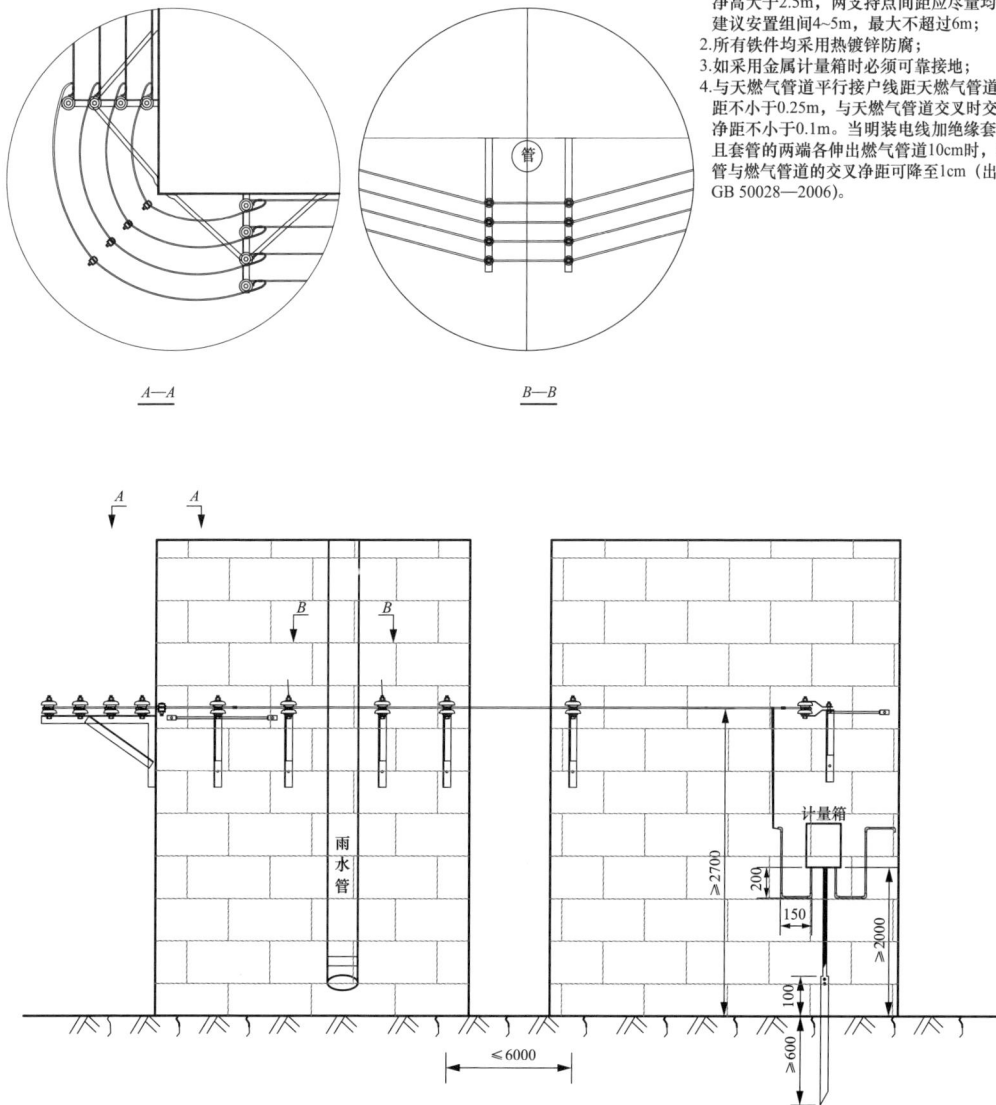

材料表

材料分类	物料编码	材料名称	规格型号	加工图图号	固化ID	材料类型	数量	单位	单重(kg)	备注
四线沿墙水平敷设直线		四线水平布线支架		图5-26、图5-27		铁附件	1	块	15.91	
	500017325	蝶式绝缘子	ED-2		G002-50001 7324-00001	绝缘子	4	只		
	500027442	绝缘导线	JKLYJ-1-35		A171-50005 7753-00001		4	根		按实际需要选取
	500014805	布电线	布电线，BV，铜，2.5，1		G002-50001 4805-00004		8	m		绑扎线（定额包含物料）
		螺栓	M16×100（两垫一帽）			铁附件	4	只	0.26	
		膨胀螺栓	M12×80/100			铁附件	3	只		
		线夹	JH线夹				4	只		按实际需要选取
四线沿墙水平敷设转角		四线水平布线支架		图5-26、图5-27		铁附件	2	块	15.91	
	500017325	蝶式绝缘子	ED-2		G002-50001 7324-00001	绝缘子	8	只		
		斜拉杆	φ16×960	图5-26、图5-27		铁附件	4	块	1.52	
	500027442	绝缘导线	JKLYJ-1-35		A171-50005 7753-00001		4	根		按实际需要选取
	500014805	布电线	布电线，BV，铜，2.5，1		G002-50001 4805-00004		8	m		绑扎线（定额包含物料）
		螺栓	M16×100（两垫一帽）			铁附件	8	只	0.26	
		螺栓	M12×40			铁附件	4	只	0.08	
		膨胀螺栓	M12×80/100			铁附件	6	只		
		线夹	JH线夹				12	只		按实际需要选取
四线沿墙水平敷设终端		四线水平布线支架		图5-26、图5-27		铁附件	1	块	15.91	
	500017325	蝶式绝缘子	ED-2		G002-50001 7324-00001	绝缘子	4	只		
		斜拉杆	φ16×960	图5-26、图5-27		铁附件	1	块	1.52	
	500027442	绝缘导线	JKLYJ-1-35		A171-50005 7753-00001		4	根		按实际需要选取
	500014805	布电线	布电线，BV，铜，2.5，1		G002-50001 4805-00004		8	m		绑扎线（定额包含物料）
		螺栓	M16×100（两垫一帽）			铁附件	4	只	0.26	
		螺栓	M16×40（两垫一帽）			铁附件	4	只	0.14	
		螺栓	M12×40			铁附件	1	只	0.08	
		膨胀螺栓	M12×80/100			铁附件	3	只		
		N形拉板	—60×8	图5-26、图5-27		铁附件	8	块	2.04	
		线夹	JH线夹				12	只		按实际需要选取

A—A

B—B

图5-15　380V分列导线水平布线沿墙敷设示意图（转角、直线、跨越、终端）

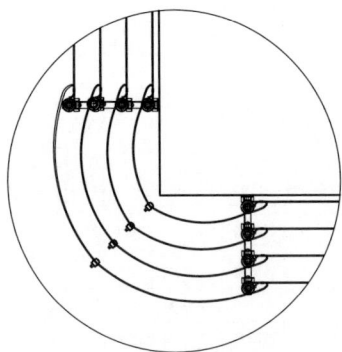

说明：1. 支架高度应保持一致，并满足接户线对地净高大于2.5m，两支持
　　　　点间距应尽量均匀，建议安置组间4~5m，最大不超过6m；
　　　2. 所有铁件均采用热镀锌防腐；
　　　3. 如采用金属计量箱时必须可靠接地；
　　　4. 与天燃气管道平行接户线距天燃气管道净距不小于0.25m，与天燃
　　　　气管道交叉时交叉净距不小于0.1m。当明装电线加绝缘套管且套
　　　　管的两端各伸出燃气管道10cm时，套管与燃气管道的交叉净距可
　　　　降至1cm（出自GB 50028—2006）。

材料表

安装类型	物料编码	配件名称	型号	数量	单位	尺寸
进户线		二位街码铁件	300×110×175	1	套	厚度1.5~3.0mm
		街码螺栓	M12×65	4	颗	
		圆杆		1	颗	φ14
		绝缘子×1		2	颗	
		压线板套装		2	套	包含压线板螺栓支架×2+转轴螺栓M4×45×2pcs+辅助压板×2+螺栓保护罩子×2+盖板×2
水平布置		四位街码铁件	695×230×135	1	套	厚度1.5~3.0mm
		街码螺栓	M12×65	3	个	
		绝缘子×1		4	个	
		压线板套装		4	颗	包含压线板螺栓支架×4+转轴螺栓M4×45×4pcs+辅助压板×4+螺栓保护罩子×4+盖板×4

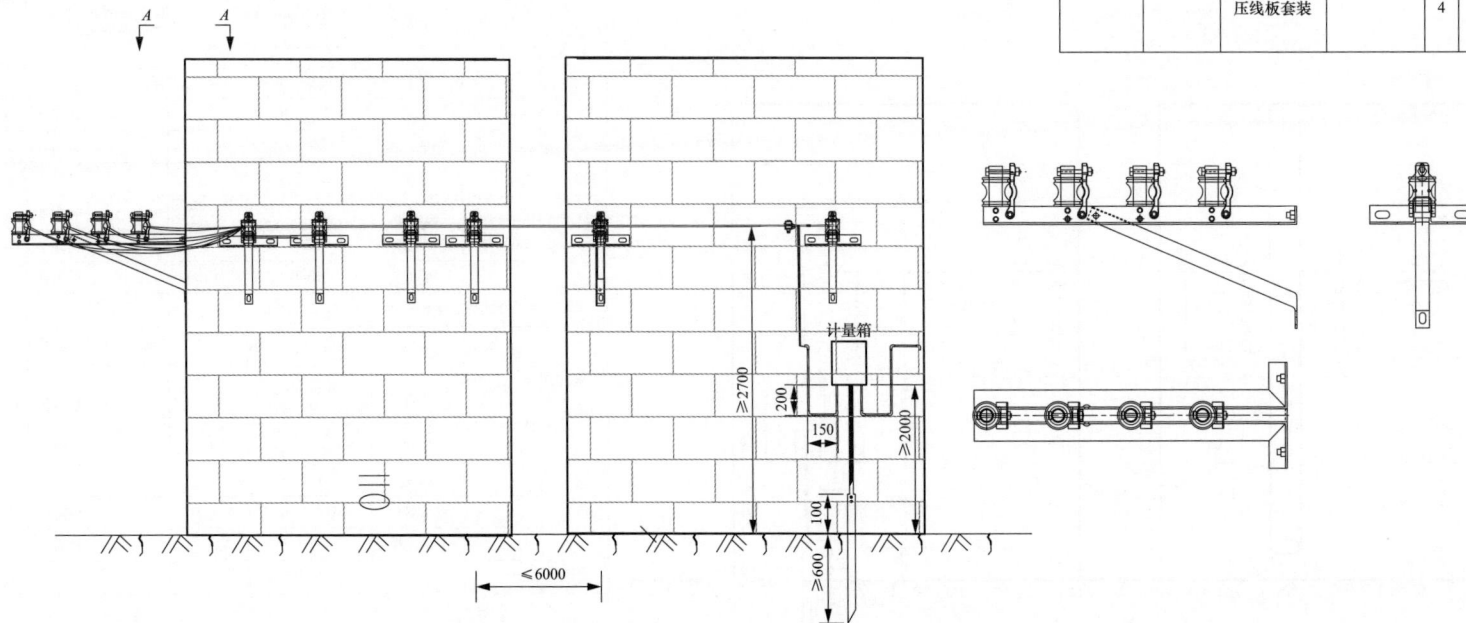

A—A

A A

计量箱

≥2700
200
150
≥2000
100
≥600

≤6000

图 5-16　380V分列导线低压复合横担水平布线沿墙敷设示意图（转角、直线、终端）

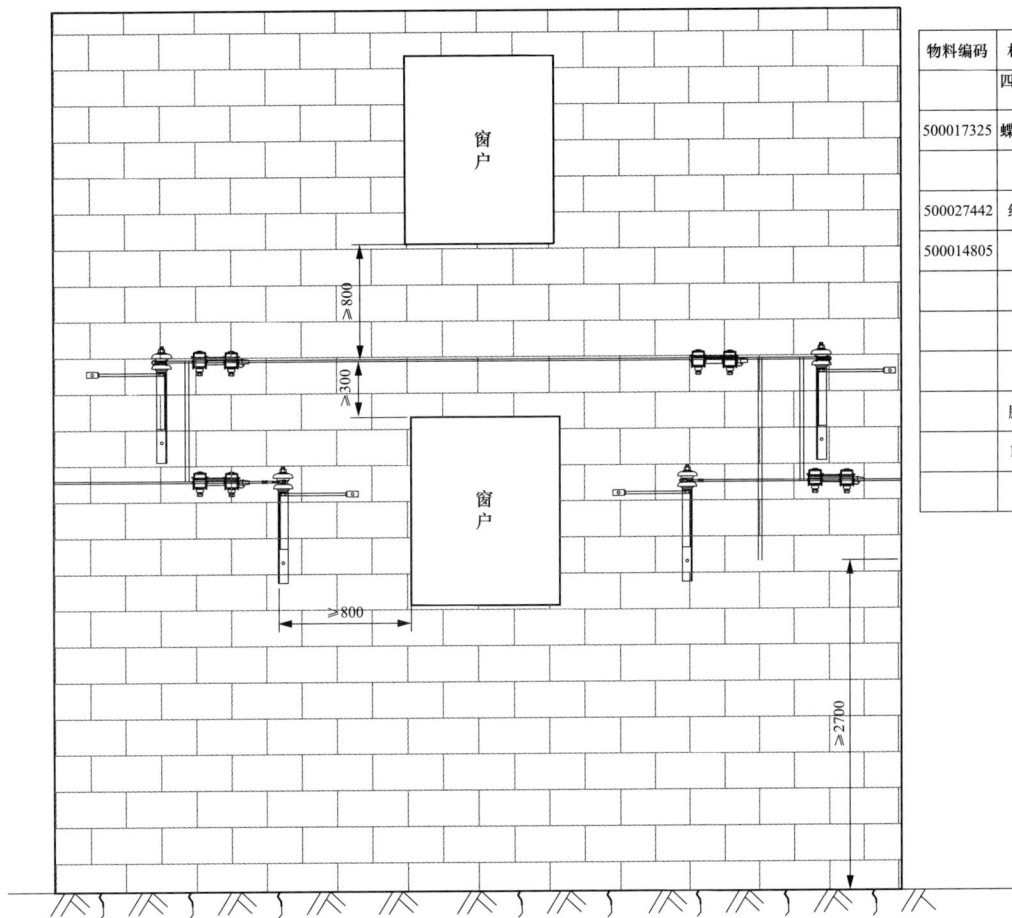

材料表

物料编码	材料名称	规格型号	加工图图号	固化ID	材料类型	数量	单位	单重(kg)	备注
	四线水平布线支架		图5-26、图5-27		铁附件	4	块	15.91	
500017325	蝶式绝缘子	ED-2		G002-500017324-00001	绝缘子	16	只		
	斜拉杆	$\phi16\times960$	图5-26、图5-27		铁附件	4	块	1.52	
500027442	绝缘导线	JKLYJ-1-35		A171-500057753-00001		16	根		**按实际需要选取**
500014805	布电线	布电线，BV，铜，2.5，1		G002-500014805-00004		32	m		绑扎线（定额包含物料）
	螺栓	M16×100(两垫一帽)			铁附件	16	只	0.26	
	螺栓	M16×40(两垫一帽)			铁附件	16	只	0.14	
	螺栓	M12×40			铁附件	4	只	0.08	
	膨胀螺栓	M12×80/100			铁附件	12	只		
	N形拉板	一60×8	图5-26、图5-27		铁附件	32	块	2.04	
	线夹	JH线夹				16	只		**按实际需要选取**

图 5-17　380V 分列导线水平布线避障敷设示意图

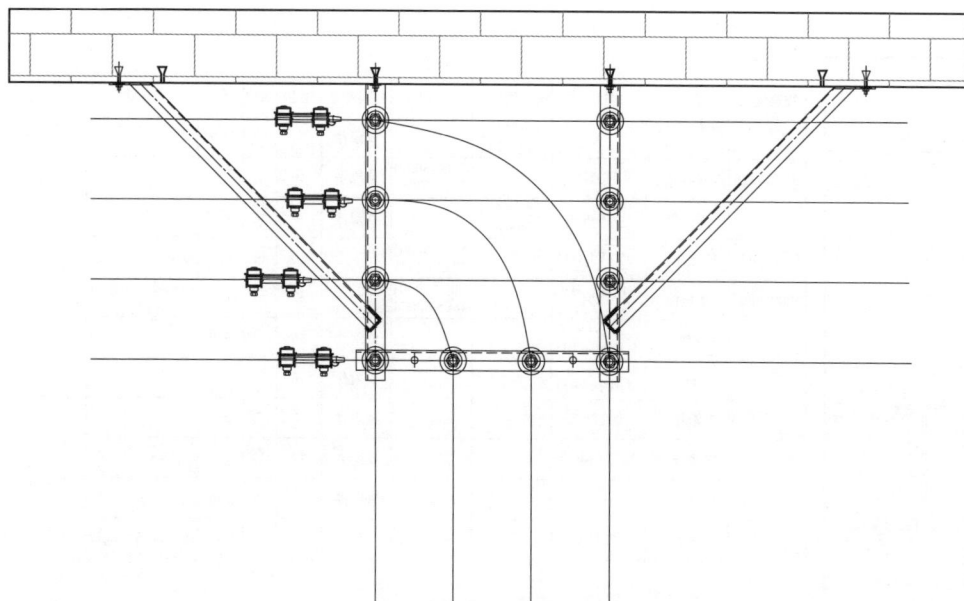

水平分支支架侧材料表

物料编码	材料名称	规格型号	加工图图号	固化ID	材料类型	数量	单位	单重(kg)	备注
	四线水平布线支架		图5-26、图5-27		铁附件	2	块	15.91	
	分支横担	∠50×5×740			铁附件	1	根		
500017325	蝶式绝缘子	ED-2		G002-50001 7324-00001	绝缘子	10	只		
	斜拉杆	φ16×960	图5-26、图5-27		铁附件	2	块	1.52	
500027442	绝缘导线	JKLYJ-1-35		A171-50005 7753-00001		8	根		按实际需要选取
500014805	布电线	布电线，BV，铜，2.5，1		G002-50001 4805-00004		16	m		绑扎线（定额包含物料）
	螺栓	M12×40			铁附件	2	只	0.08	
	膨胀螺栓	M12×80/100			铁附件	8	只		
	线夹	JH线夹				8	只		按实际需要选取

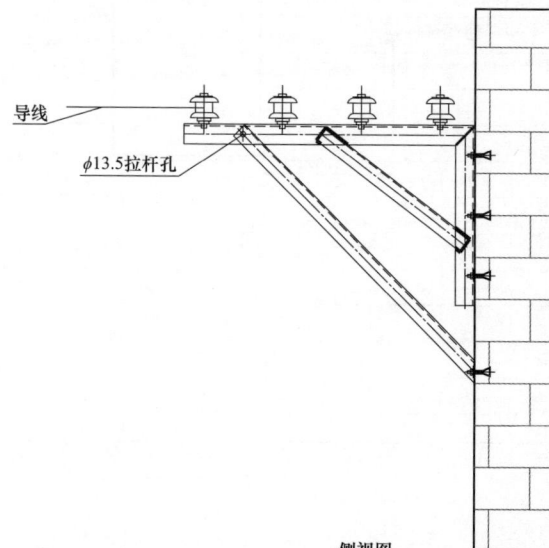

俯视图

说明:1.图中所示为分支（转角）架线横担，若墙体有附着物时，横担予以加长;
　　2.所有材料均须热镀锌防腐;
　　3.所有材料材质均为Q235;
　　4.根据选取的绝缘子固定螺栓的规格，确定安装孔径d
　　　（M16螺栓取17.5，M18螺栓取19.5，M20螺栓取21.5）;
　　5.本横担如用于直线转角横担，根据要求调整使用。

导线

φ13.5拉杆孔

侧视图

图 5-18　380V 分列导线水平布线分支敷设示意图

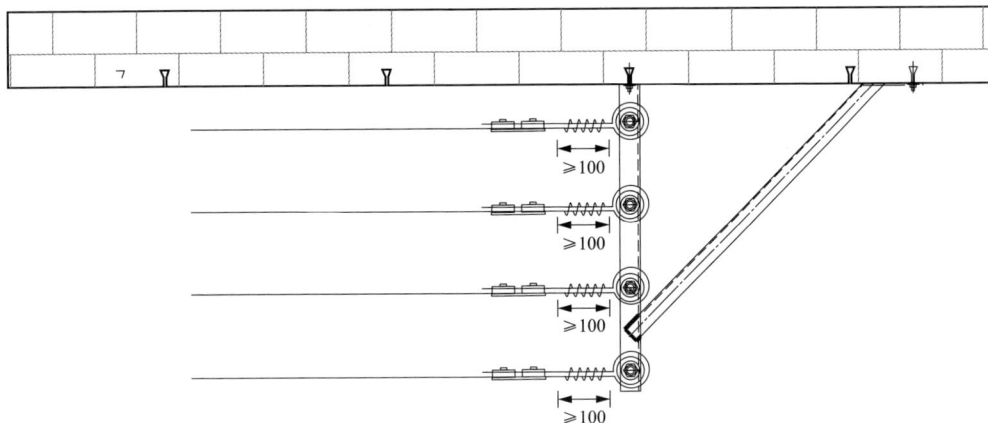

水平终端支架材料表

物料编码	材料名称	规格型号	加工图图号	固化ID	材料类型	数量	单位	单重(kg)	备注
	四线水平布线支架		图5-26、图5-27		铁附件	1	块	15.91	
500017325	蝶式绝缘子	ED-2		G002-500017324-00001	绝缘子	4	只		
	斜拉杆	φ16×960	图5-26、图5-27		铁附件	1	块	1.52	
500027442	绝缘导线	JKLYJ-1-35		A171-500057753-00001		4	根		按实际需要选取
500014805	布电线	布电线，BV，铜，2.5，1		G002-500014805-00004		8	m		绑扎线（定额包含物料）
	螺栓	M16×100（两垫一帽）			铁附件	4	只	0.26	
	螺栓	M16×40（两垫一帽）			铁附件	4	只	0.14	
	螺栓	M12×40			铁附件	1	只	0.08	
	膨胀螺栓	M12×80/100			铁附件	3	只		
	N型拉板	—60×8	图5-26、图5-27		铁附件	8	块	2.04	
	线夹	JH线夹				12	只		按实际需要选取

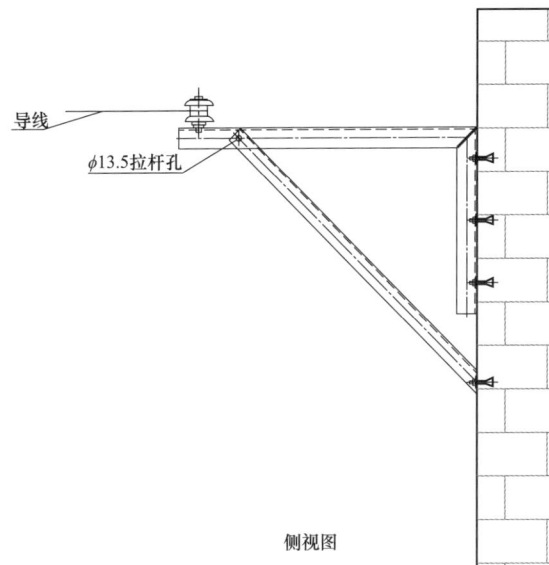

俯视图

说明：1.图中所示为终端架线横担，若墙体有附着物时，横担予以加长；
2.所有材料均须热镀锌防腐；
3.所有材料材质均为Q235；
4.根据选取的绝缘子固定螺栓的规格，确定安装孔径d（M16螺栓取17.5，M18螺栓取19.5，M20螺栓取21.5）；
5.本横担如用于直线转角横担，根据要求调整使用。

导线
φ13.5拉杆孔

侧视图

图 5-19　380V 分列导线水平布线沿墙敷设示意图（终端）

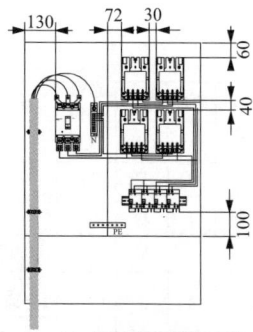

（单相4表位）

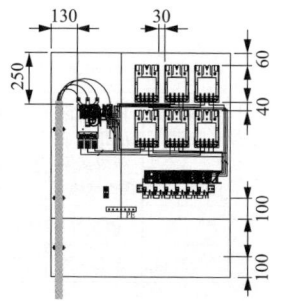

（单相6表位）

材料表

物料编码	材料名称	规格型号	加工图图号	固化ID	材料类型	数量	单位	单重(kg)	备注
500136150	表箱	电能计量箱，悬挂式		G002-5001 35928-00001		1	只		单相
500027442	电表箱进线	JKLYJ-1-35				40	m		单根按10m计算
	线夹	JH线夹				4	套		四色绝缘罩
	接地极					1	套		
	膨胀螺丝	M12×80/100			铁附件	12	套		
	CPVC穿线管	φ32				8	m		进线、出线
	CPVC管卡	φ32				10	个		
	CPVC管弯头	φ32 90°				6	个		
500014807	布电线	布电线，BV，铜，10，1		G002-50001 4805-00004		30	m		按实际需求选取

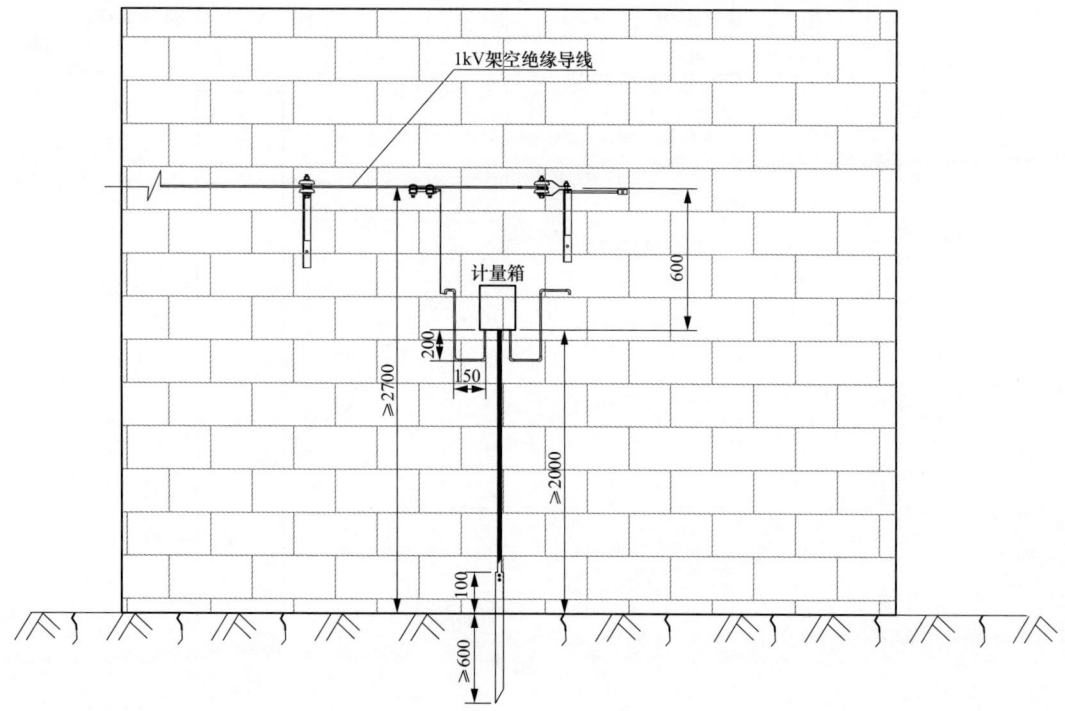

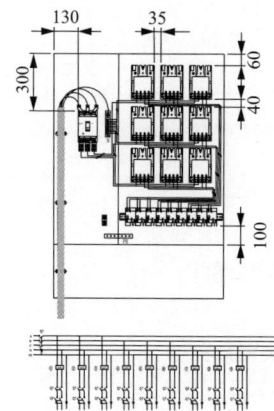

（单相9表位）

说明：电表箱的位置可以根据现场情况适当调整高度，适当增减相应材料长度。

图5-20　380V分列导线水平布线沿墙敷设1表箱引下示意图

材料及适用表

型号	角钢		垫铁		总重（kg）	R（mm）	$L1$（mm）	$L2$（mm）	适用主杆直径（mm）
	规格（mm）	单重（kg）	规格	单重（kg）					
HD15-A15	∠63×6×1500	8.58	—50×5×190	0.38	8.96	80	130	190	150~175
HD15-A19	∠63×6×1500	8.58	—50×5×243	0.48	9.06	100	150	230	190~215
HD15-B19	L70×7×1500	11.10	—50×5×243	0.48	11.58	100	150	230	190~215
HD15-C19	L75×8×1500	13.54	—60×6×243	0.69	14.23	100	150	230	190~215
HD15-D19	L80×8×1500	14.49	—60×6×243	0.69	15.18	100	150	230	190~215
HD15-E19	L90×8×1500	16.42	—70×7×243	0.80	17.22	100	150	230	190~215

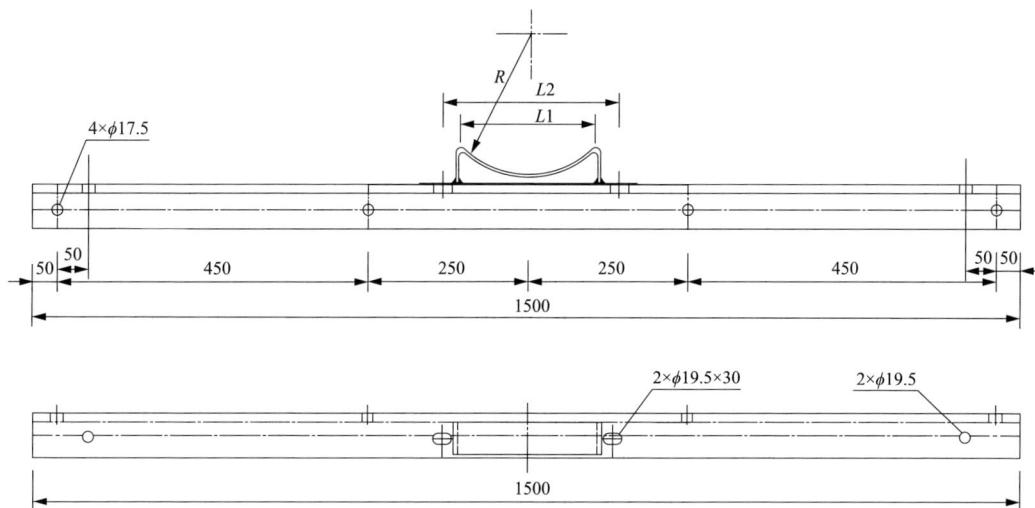

说明：1.铁件均需热镀锌，材料表中的角钢材料为Q235；
　　　2.如同一根杆中使用双侧横担,加工孔时应镜像加工；
　　　3.图中R的尺寸是根据横担安装位置不同确定；
　　　4.扁钢与角钢须四面焊接，且焊缝高度为6mm。

图 5-21　四线横担制造图

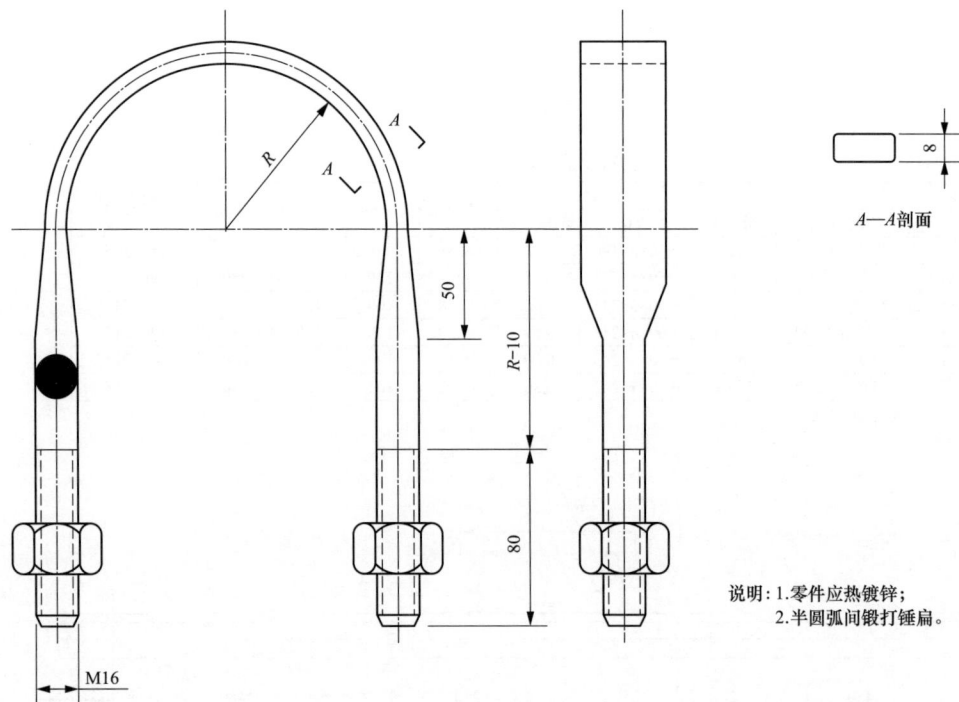

说明：1.零件应热镀锌；
2.半圆弧间锻打锤扁。

规格 (mm)		材料名称	材料规格	下料长度 L (mm)	数量 (根/只)		单重 (kg)		单套重量 (kg)	备注
型号	半径R				钢材	螺母	钢材	螺母		
φ163	81	圆钢	φ16	584	1	2	0.93	0.10	1.03	
φ200	100	圆钢	φ16	679	1	2	1.07	0.10	1.17	
φ220	110	圆钢	φ16	731	1	2	1.16	0.10	1.26	
φ230	115	圆钢	φ16	756	1	2	1.20	0.10	1.30	
φ250	125	圆钢	φ16	808	1	2	1.28	0.10	1.38	
φ270	135	圆钢	φ16	859	1	2	1.36	0.10	1.46	
φ280	140	圆钢	φ16	885	1	2	1.40	0.10	1.50	
φ300	150	圆钢	φ16	936	1	2	1.48	0.10	1.58	
φ320	160	圆钢	φ16	988	1	2	1.56	0.10	1.66	
φ350	175	圆钢	φ16	1065	1	2	1.68	0.10	1.78	
φ380	190	圆钢	φ16	1142	1	2	1.80	0.10	1.90	
φ400	200	圆钢	φ16	1193	1	2	1.88	0.10	1.98	

图 5-22　U 形抱箍制造图

名称	材料型号	单位	数量	单重（kg）	总计（kg）	合计（kg）
直线支架角钢	∠50×5×600	根	2	2.27	4.54	
直线支架角钢	∠50×5×200	根	2	0.76	1.52	7.04
圆钢	φ16×310	根	2	0.49	0.98	

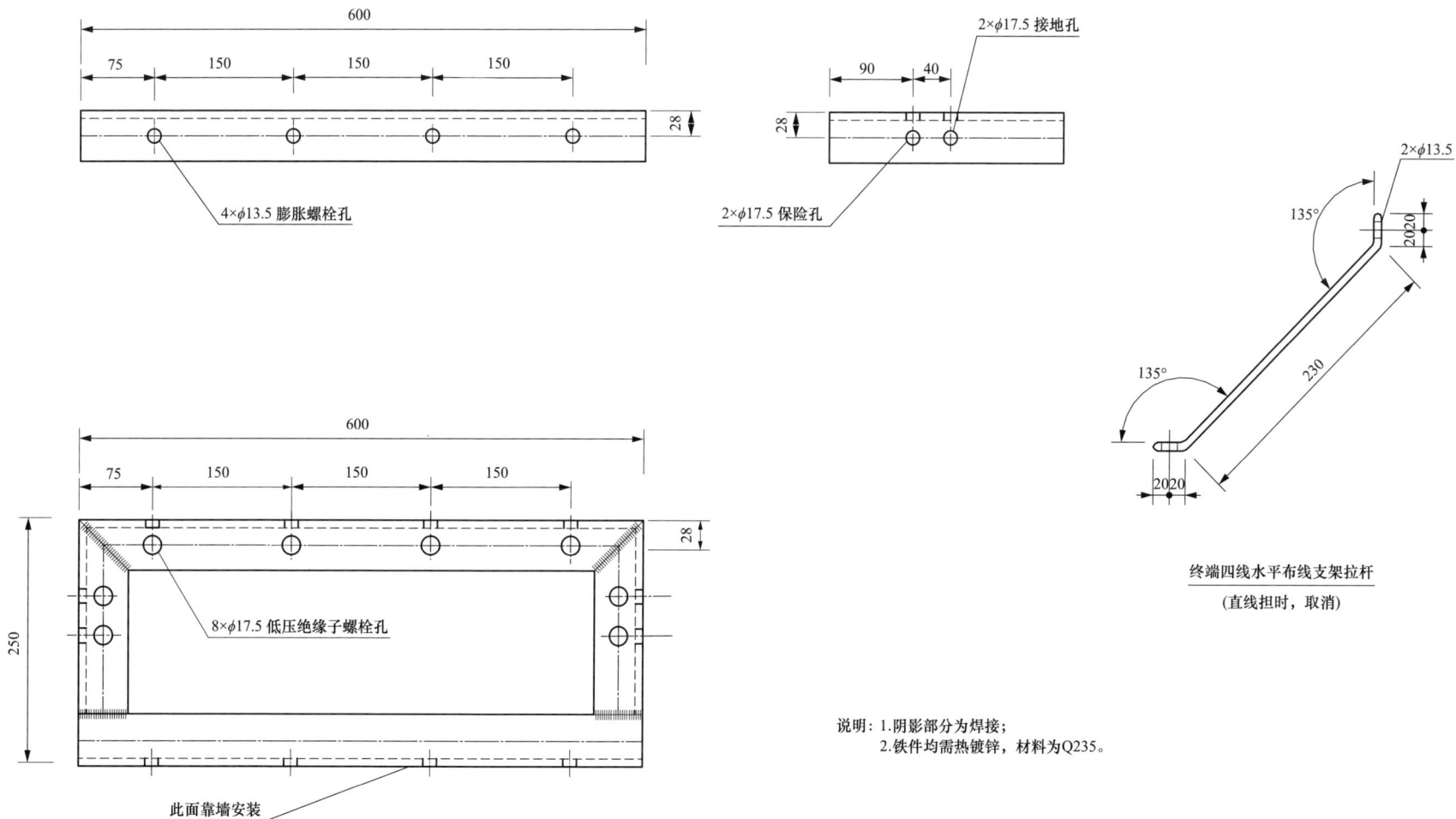

4×φ13.5 膨胀螺栓孔

2×φ17.5 接地孔

2×φ17.5 保险孔

8×φ17.5 低压绝缘子螺栓孔

此面靠墙安装

2×φ13.5

135°

135°

终端四线水平布线支架拉杆

（直线担时，取消）

说明：1.阴影部分为焊接；
　　　2.铁件均需热镀锌，材料为Q235。

图 5-23　四线垂直布线沿墙敷设支架及其附件制造图

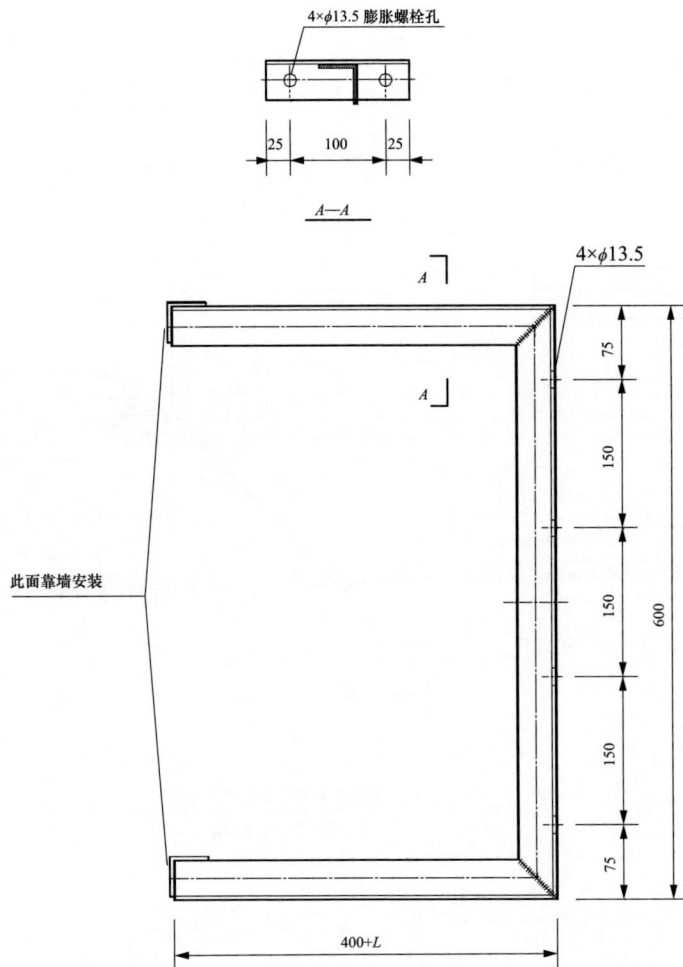

4×φ13.5 膨胀螺栓孔

25　100　25

A—A

4×φ13.5

此面靠墙安装

75　150　150　150　75　600

400+L

材料表

名称	材料型号	单位	数量	单重（kg）	总计（kg）	备注
直线支架角钢	∠50×5×400	根	2	1.51	3.02	L=0
直线支架角钢	∠50×5×500	根	2	1.89	3.78	L=100
直线支架角钢	∠50×5×600	根	2	2.27	4.54	L=200
直线支架角钢	∠50×5×600	根	1	2.27	2.27	
直线支架角钢	∠50×5×150	根	2	0.57	1.14	
合计	L=0				6.43	1+2+3
合计	L=100				7.19	1+2+3
合计	L=200				7.95	1+2+3

说明：1.阴影部分为焊接；
2.铁件均需热镀锌，材料为Q235；
3.此横担按照跨越管径（或障碍物高度）200mm考虑，此时$L=0$mm；当跨越管径（或障碍物高度）300mm时，此时$L=100$mm；当跨越管径（或障碍物高度）400mm时，此时$L=200$mm。

图 5-24　四线垂直布线沿墙敷设支架（跨障）制造图

转角支架材料表

编号	名称	规格	单位	数量	单重 (kg)	合计 (kg)	备注
1	转角支架角钢	∠50×5×600	根	1	2.26		
2	扁铁	—40×4×740	根	3	0.94	9	焊接
3	绝缘子支架扁铁	—50×5×250	根	8	0.49		焊接
4	螺丝	M16×120（双垫单帽）	套	4			
5	绝缘子	ED-1	只	4			
6	膨胀螺丝	φ14	个	12			

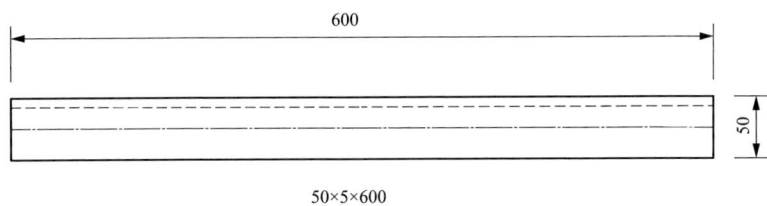

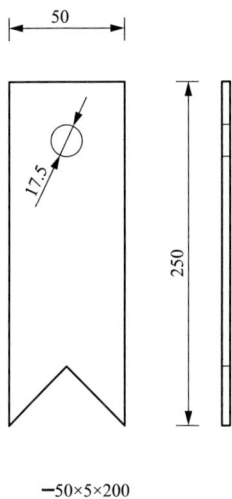

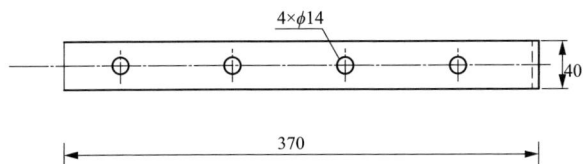

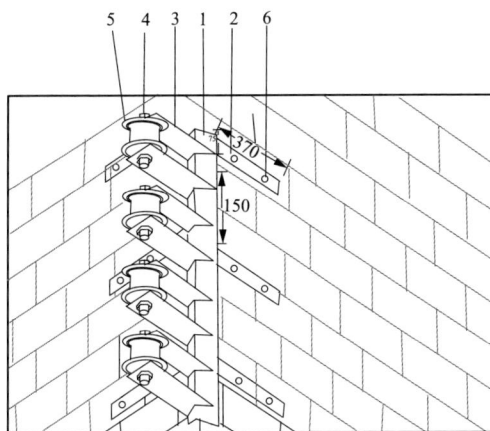

50×5×600

—50×5×200

4×φ14

—40×4×740

附图二

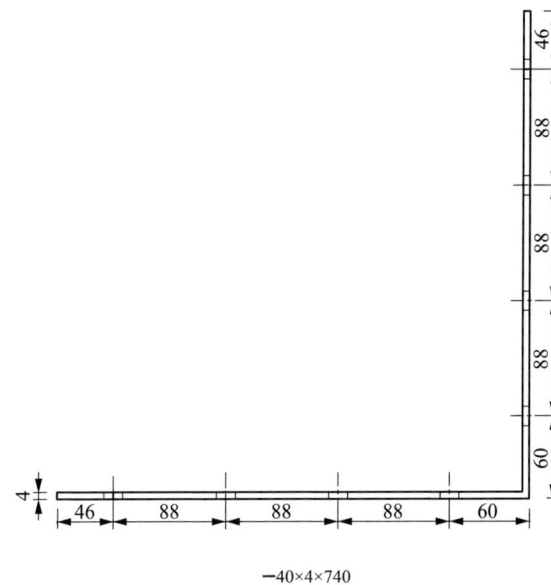

图 5-25　四线垂直布线沿墙敷设转角支座制造图

材料表

名称	规格	单位	数量	单重（kg）	合计（kg）	备注
角钢	∠50×5×740	块	1	2.79		
角钢	∠50×5×450	块	1	1.70		
角钢	∠50×5×460	块	1	1.74	15.91	
圆钢	$\phi16×960$	块	1	1.52		直线时该项取消
N形拉板	—60×8×270	块	8	1.02		

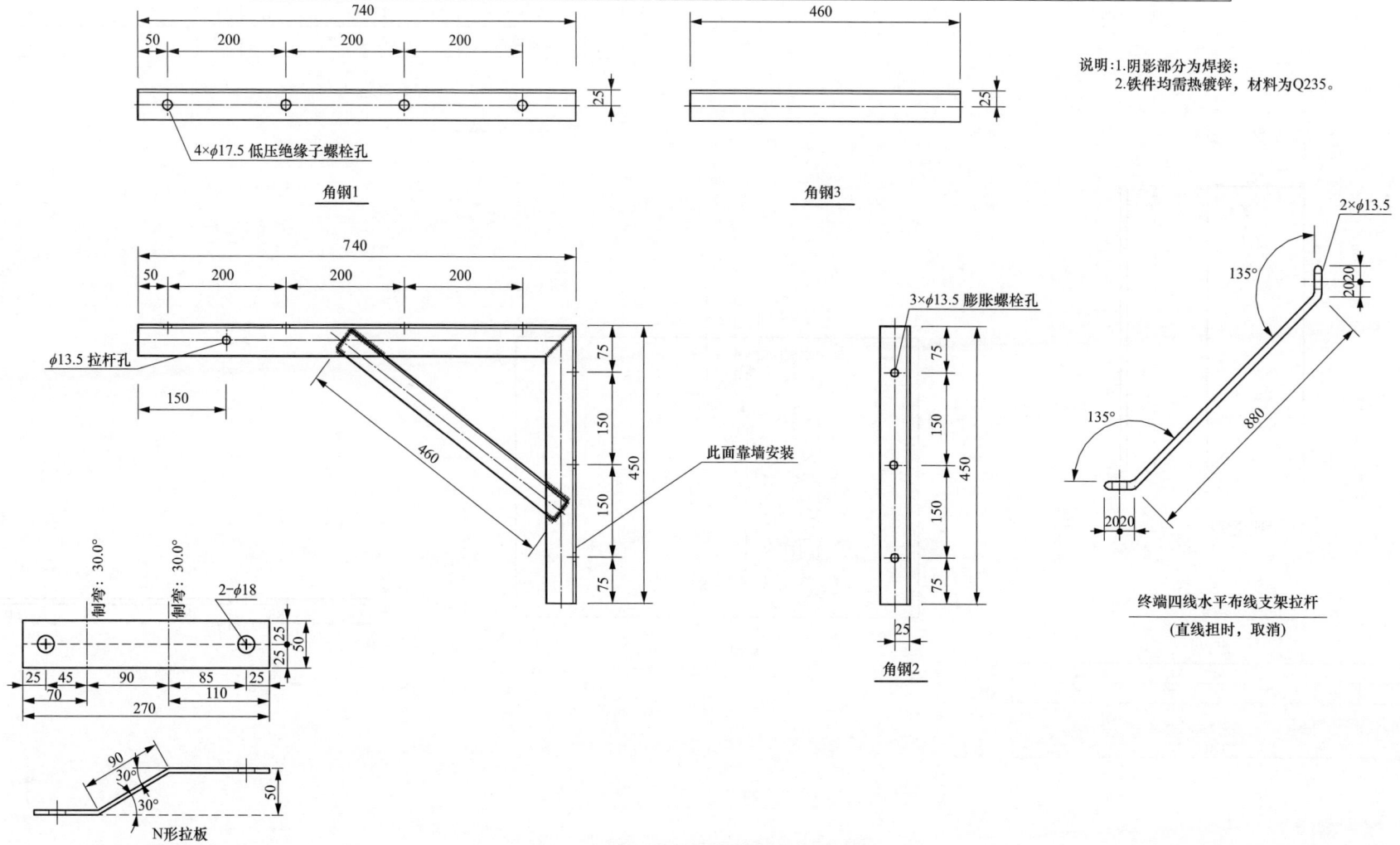

说明：1.阴影部分为焊接；
2.铁件均需热镀锌，材料为Q235。

4×ϕ17.5 低压绝缘子螺栓孔

角钢1

角钢3

ϕ13.5 拉杆孔

此面靠墙安装

3×ϕ13.5 膨胀螺栓孔

2×ϕ13.5

角钢2

终端四线水平布线支架拉杆
（直线担时，取消）

制弯：30.0°

2-ϕ18

N形拉板

图 5-26 四线水平布线沿墙敷设支架制造图

• 68 • 甘肃 0.4kV 架空配电线路接户线典型设计

材料表

名称	规格	单位	数量	单重（kg）	合计（kg）	备注
角钢	∠50×5×950	块	1	3.58		
角钢	∠50×5×600	块	1	2.26		
角钢	∠50×5×700	块	1	2.64	18.64	
圆钢	$\phi16×1260$	块	1	2.00		直线时该项取消
N形状拉板	—60×8×270	块	8	1.02		

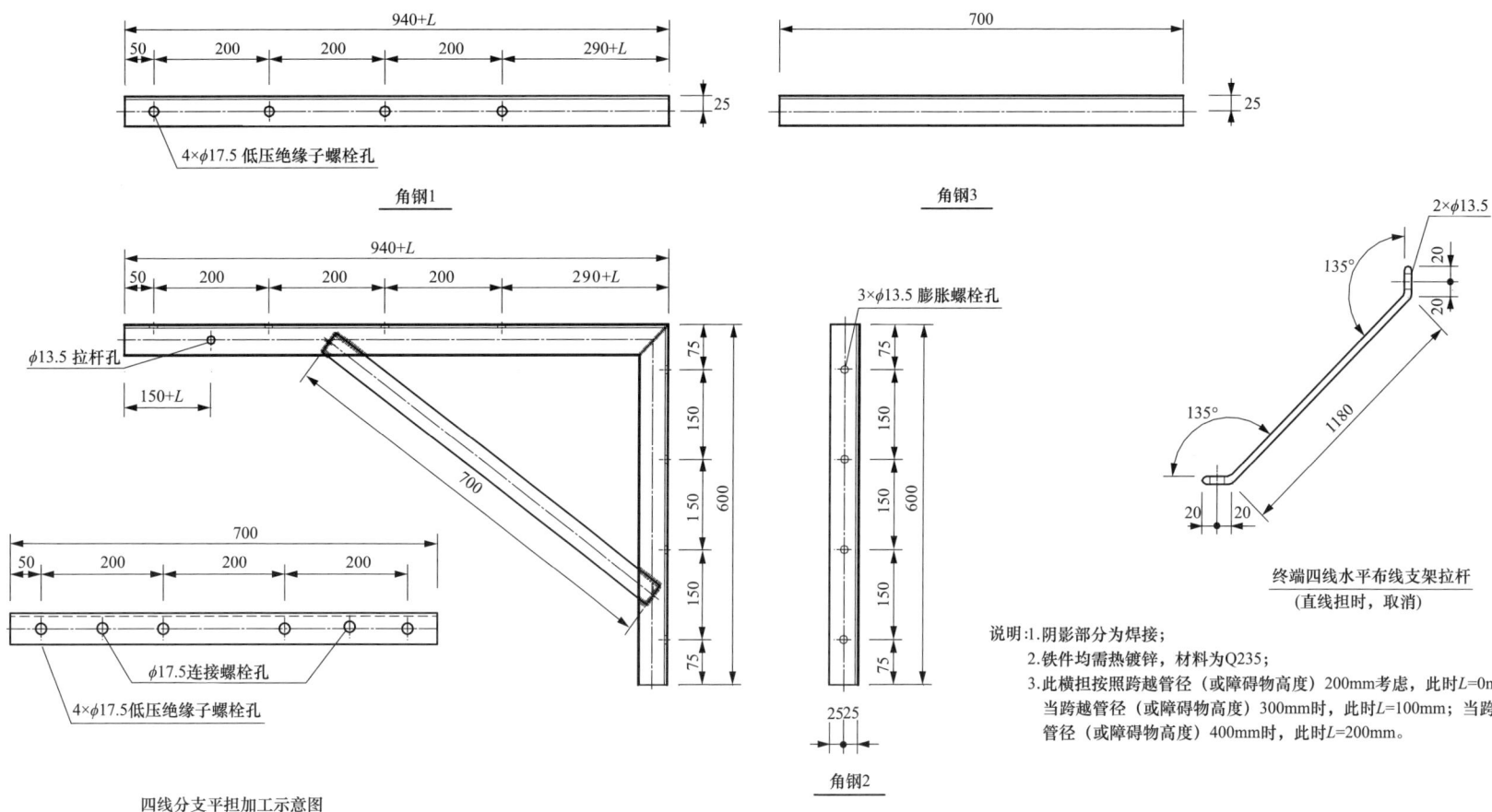

$4×\phi17.5$ 低压绝缘子螺栓孔

角钢1

角钢3

$\phi13.5$ 拉杆孔

$3×\phi13.5$ 膨胀螺栓孔

$\phi17.5$连接螺栓孔

$4×\phi17.5$低压绝缘子螺栓孔

四线分支平担加工示意图

角钢2

$2×\phi13.5$

终端四线水平布线支架拉杆
（直线担时，取消）

说明：1.阴影部分为焊接；
　　　2.铁件均需热镀锌，材料为Q235；
　　　3.此横担按照跨越管径（或障碍物高度）200mm考虑，此时L=0mm；
　　　　当跨越管径（或障碍物高度）300mm时，此时L=100mm；当跨越
　　　　管径（或障碍物高度）400mm时，此时L=200mm。

图 5-27　四线水平布线沿墙敷支架（跨越障碍物）制造图

材料表

名称	规格	单位	数量	单重（kg）	合计	备注
扁钢	—60×5×900	块	1	2.13		
扁钢	—60×5×150	块	3	0.36	4.02	
扁钢	—20×10×20	块	1	0.03		
圆钢	φ14×650	条	1	0.78		

名称	规格	单位	数量	重量（kg）	备注
拉铁	—30×4×300	块	1	0.28	
连板	—50×5×350（420）	块	1	0.69（0.82）	

说明:1.阴影部分为焊接;
　　　2.铁件均需热镀锌，材料为Q235。

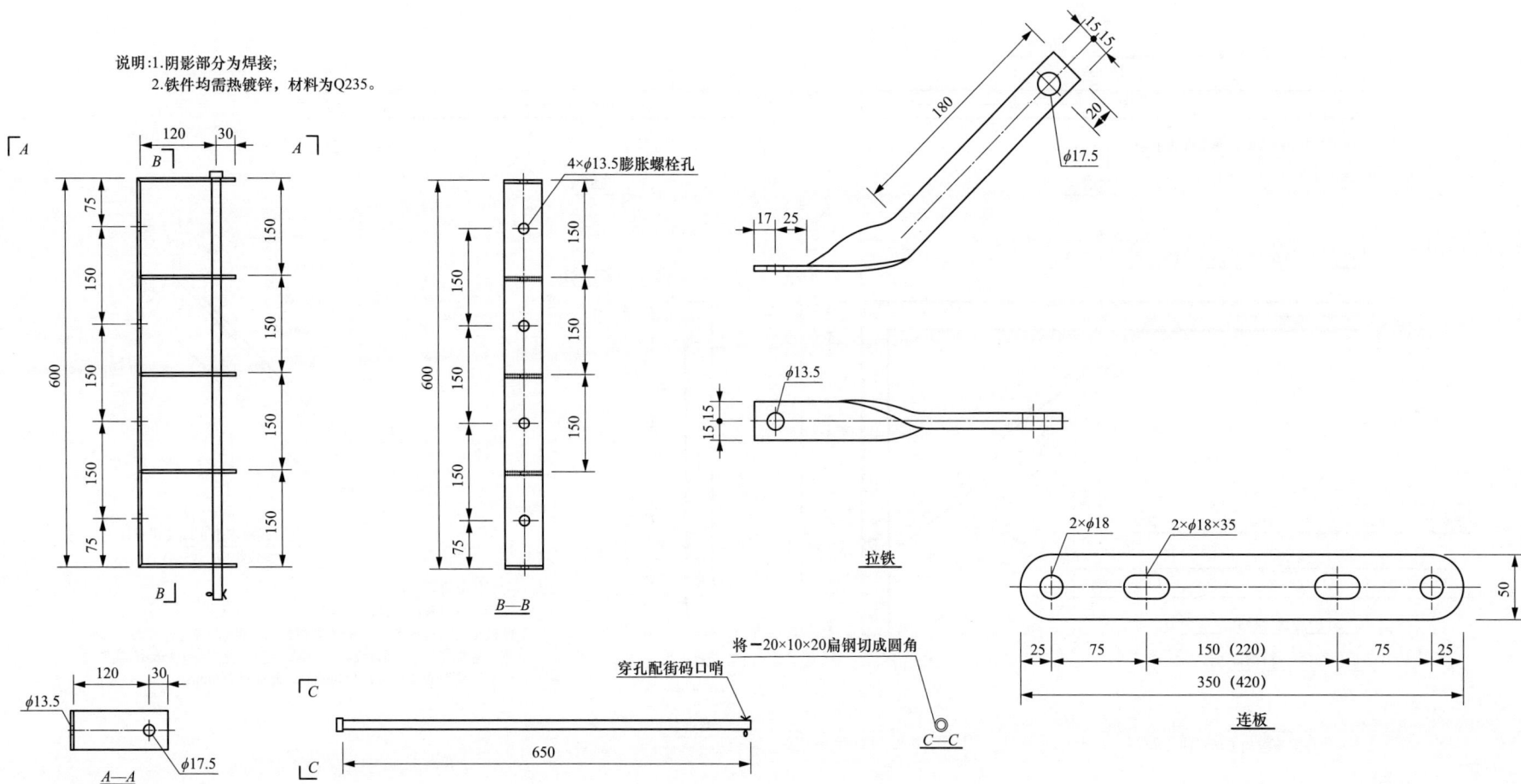

图 5-28　四线垂直布置支架及其附件加工示意图（街码）

材料表

类别	配件名称	型号	数量	单位	备注
过障碍	四位街码铁件	575×110×185	1	套	厚度1.5~3.0mm
	撑高支架	196×60×100	2	个	厚度4mm
	支架螺栓	M12×65	4	颗	
	街码固定螺栓	M12×30	4	颗	
	圆杆	Q575	1	根	
	绝缘子1		4	个	
	压线板套装		4	套	包含压线板螺栓支架×4+转轴螺栓M4×45×4pcs+辅助压板×4+螺栓保护罩子×4+盖板×4
Π形支架	四位街码铁件	575×110×180	1	套	厚度1.5~3.0mm
	回拉杆		2	个	厚度4mm
	回拉杆螺栓	M12×65	2	颗	
	街码螺栓	M12×65	6	颗	
	圆杆		1	根	$\phi14$
	绝缘子1		4	个	
	终端紧线器		8	套	

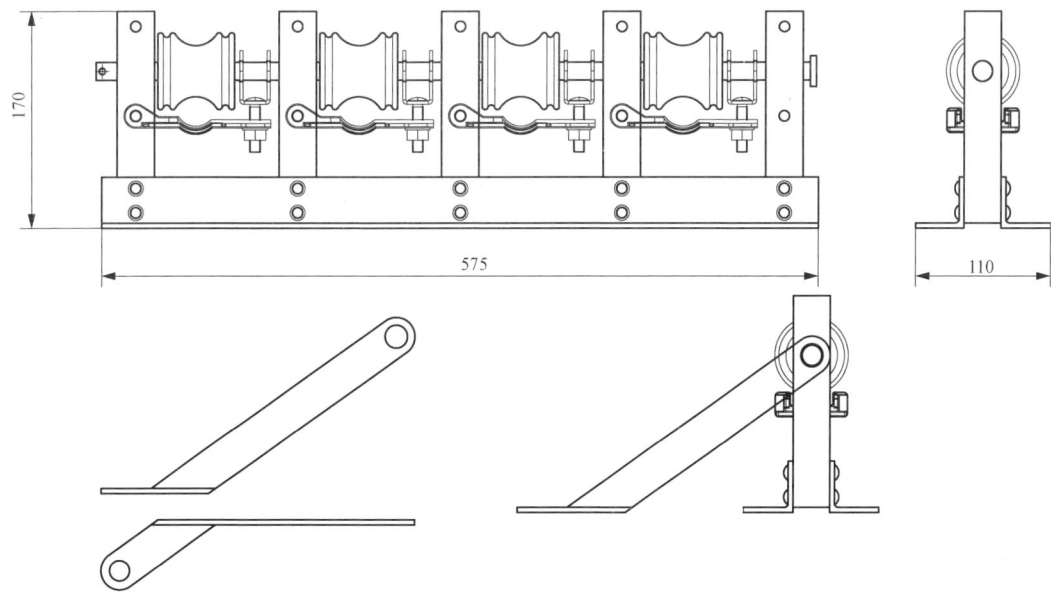

垂直布置产品

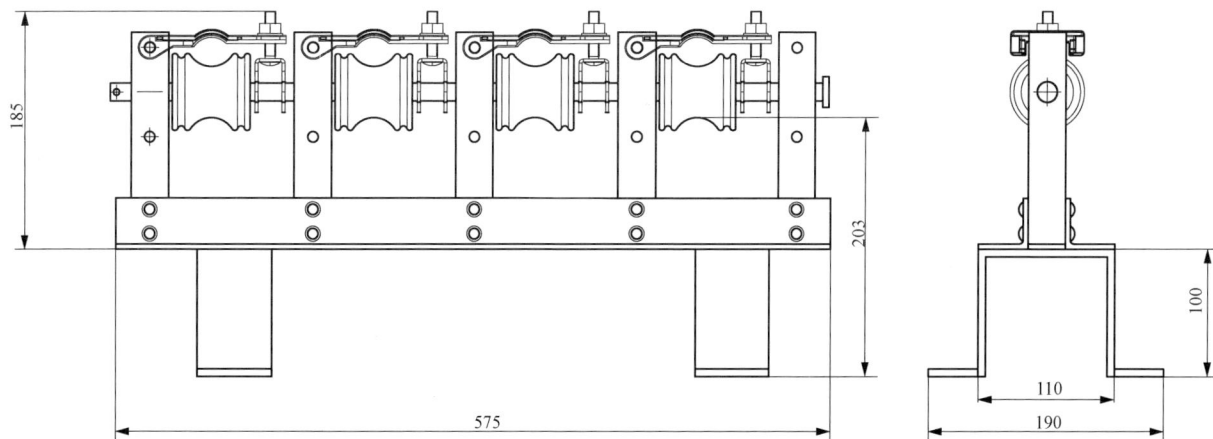

垂直过障碍布置产品

图 5-29　垂直布线复合绝缘横担一体式紧线装置（街码）直线/过障产品尺寸图

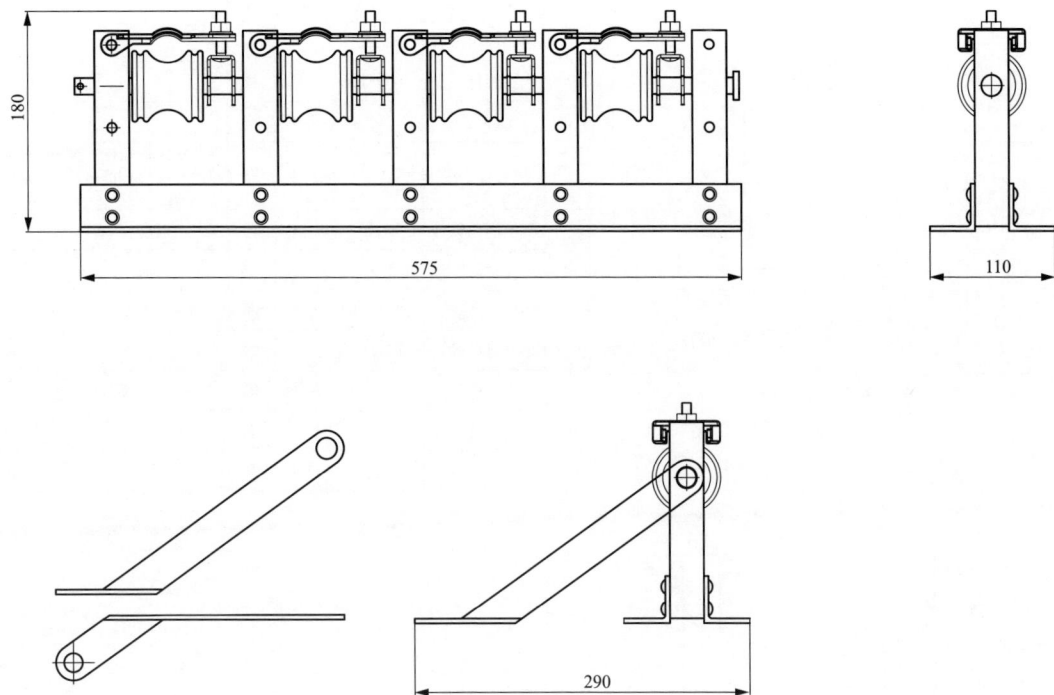

材料表

配件名称	型号	数量	单位	备注
四位街码铁件	575×110×170	1	套	厚度1.5~3.0mm
回拉杆		2	个	厚度4mm
回拉杆螺栓	M12×65	2	颗	
街码螺栓	M12×65	6	颗	
圆杆		1	根	φ14
终端紧线器		8	个	
绝缘子1		4	个	
压线板套装		4	套	包含压线板螺栓支架×4+转轴螺栓M4×45×4pcs+辅助压板×4+螺栓保护罩子×4+盖板×4

回拉线布置产品

图 5-30　垂直布线复合绝缘横担一体式紧线装置（街码）回拉线布置产品尺寸图

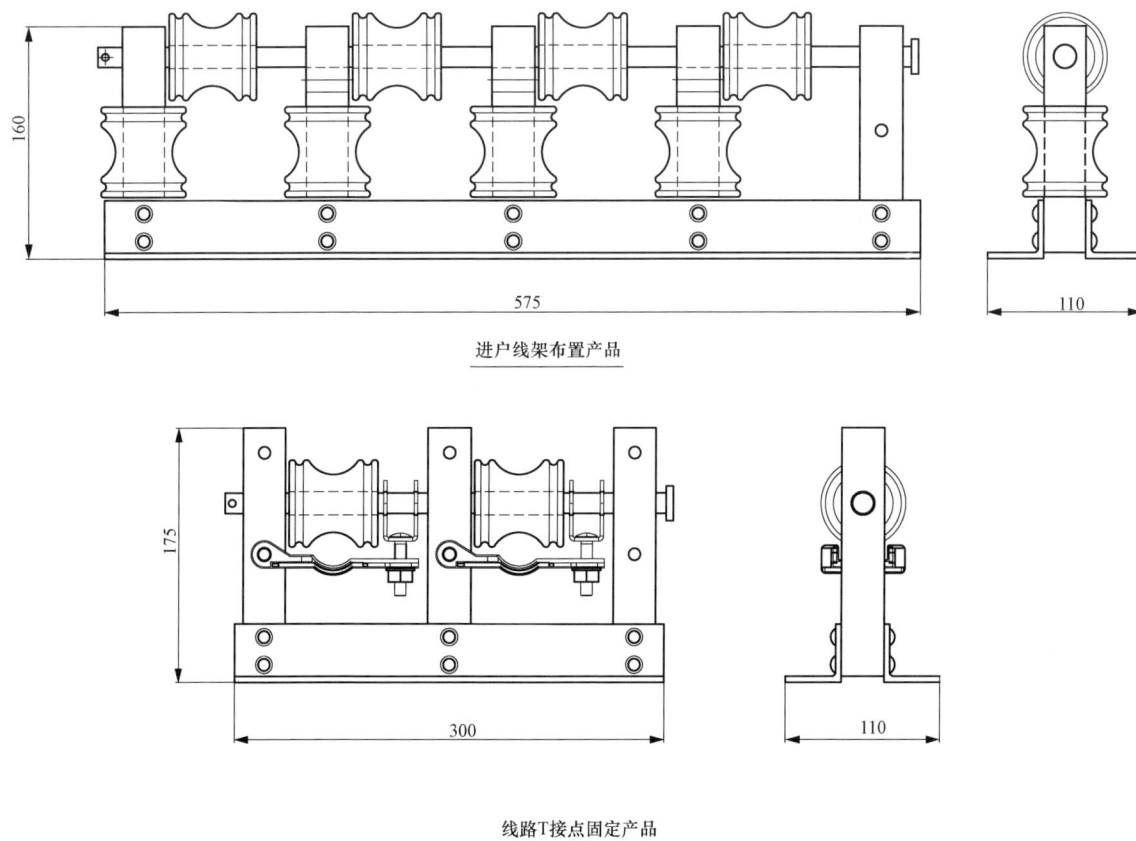

进户线架布置产品

线路T接点固定产品

材料表

类别	配件名称	型号	数量	单位	备注
线路T接	四位街码铁件	575×110×160	1	套	厚度1.5~3.0mm
	回拉杆		2	个	厚度4mm
	街码螺栓	M12×65	6	颗	
	圆杆		1	根	φ14
	中间紧线器		4	个	
	终端紧线器		8	个	
	绝缘子1		4	个	
	绝缘子2		4	个	
进户线	二位街码铁件	300×110×175	1	套	厚度1.5~3.0mm
	街码螺栓	M12×65	4	颗	
	圆杆		1	颗	φ14
	绝缘子1		2	颗	
	压线板套装		2	套	包含压线板螺栓支架×2+转轴螺栓M4×45×2pcs+辅助压板×2+螺栓保护罩子×2+盖板×2

图 5-31　垂直布线复合绝缘横担一体式紧线装置（街码）进户线架、线路 T 接点固定产品尺寸图

配件名称	型号	数量	单位	备注
四位街码铁件	695×230×135	1	套	厚度1.5~3.0mm
街码螺栓	M12×65	3	个	
绝缘子1		4	个	
压线板套装		4	颗	包含压线板螺栓支架×4+转轴螺栓M4×45×4pcs+辅助压板×4+螺栓保护罩子×4+盖板×4

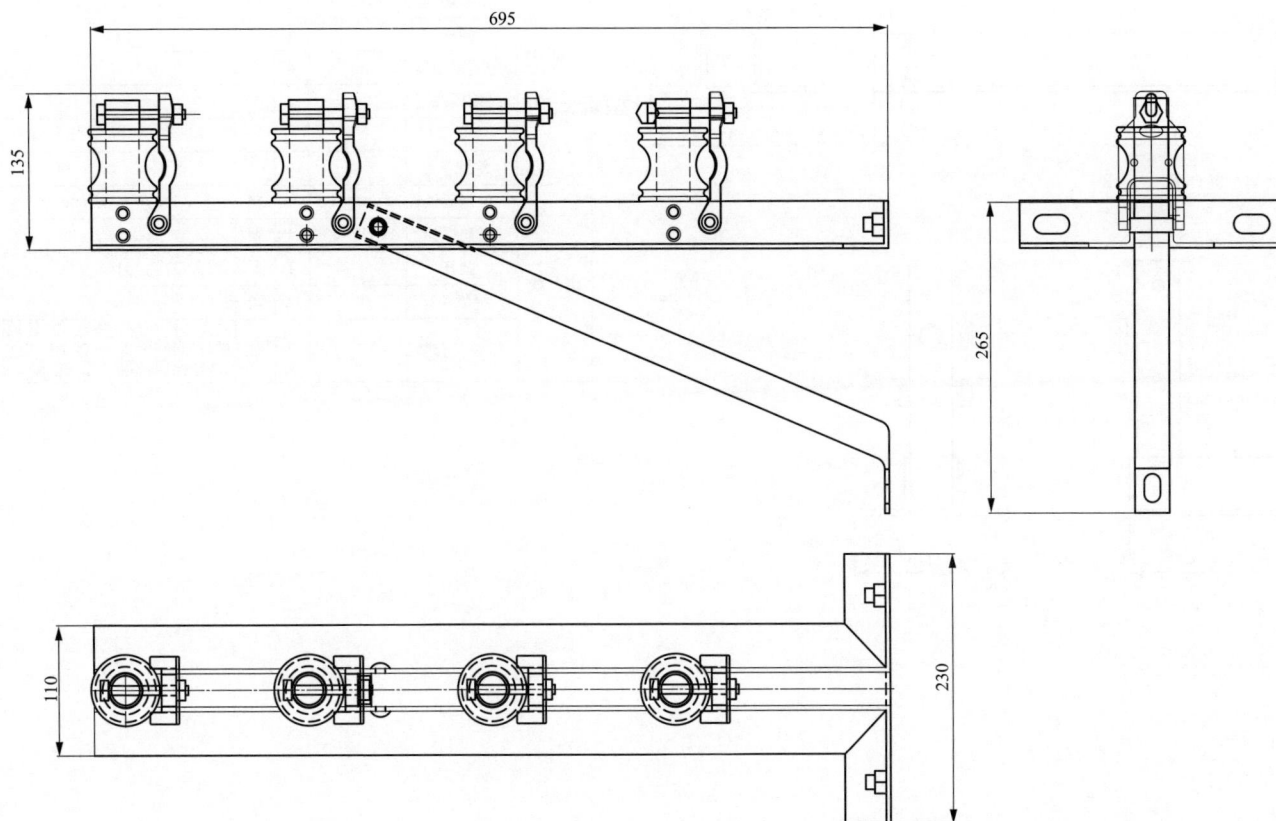

水平布置产品

图 5-32 水平布线复合绝缘横担一体式紧线装置（街码）水平布置产品尺寸图

第 6 章　380V 杆上接户方案

6.1　设计说明

6.1.1　导线选型

（1）380V 接户线指配电线路与用户建筑物外第一支持点之间的一段线路。架空接户线推荐采用绝缘导线（JKLYJ 型）。

（2）接户线不应采用聚氯乙烯绝缘导线（BLV、BV 型）。

6.1.2　截面积选用

（1）380V 接户线的导线截面积应根据导线允许载流量选择，每户用电容量可按城镇不低于 8kW、一般乡村不低于 4kW 确定。选择接户线截面积时应留有裕度，以备可预见的户数增加。

（2）接户线采用铝芯绝缘导线，最小截面积不宜小于 16mm^2。

（3）中性线（零线）截面积应与相线截面积相同。

（4）380V 杆上接户方案导线型号选取、安全系数及允许最大直线转角角度见表 6-1。

表 6-1　380V 杆上接户方案导线型号选取、安全系数及允许最大直线转角角度

导线型号	导线型号	安全系数			导线允许最大直线转角角度
		A 区	B 区	C 区	
380/220V 绝缘铝导线	JKLYJ-1/16	3	2.5	2.5	15°
	JKLYJ-1/35	3.8	3.2	3.2	15°
	JKLYJ-1/70	4.5	4	4	15°

380V 杆上接户方案不同型号导线的参数见表 6-2。

表 6-2　380V 杆上接户方案不同型号导线的参数

型号	JKLYJ-1-16	JKLYJ-1-35	JKLYJ-1-70
铝芯规格	7×1.75	7×2.52	19×2.25
绝缘厚度（mm）	1.2	1.2	1.4
截面积（mm^2）	16.84	36.85	75.55
外径（mm）	8	11	13.2
单位质量（kg/km）	70	130	241

续表

型号	JKLYJ-1-16	JKLYJ-1-35	JKLYJ-1-70
综合弹性系数（MPa）	59000	59000	56000
线膨胀系数（1/℃）	0.00023	0.00023	0.000023
计算拉断力（N）	2517	5177	10354

6.1.3　绝缘子选取与使用

绝缘子选用 ED 型蝶式瓷绝缘子。

6.1.4　接户线装置方式

本章节为 380V 杆上接户线部分，包含了 12m 杆上计量接户、15m 杆上计量接户、接户杆杆上计量接户 3 种方案。

6.2　设备（装置）的技术要求及说明

接户线架设要求如下：

（1）380V 接户线的档距不宜大于 25m，超过 25m 时宜设接户杆。当距离较长、截面积较大时，宜采取松弛张力放线。

（2）380V 接户线受电端的对地面垂直距离，不应小于 2.7m。

（3）380V 沿墙敷设的接户线两支持点间的距离不应大于 6m，耐张段宜控制在 20～30m 范围内。220V 沿墙敷设接户线的对地垂直距离不小于 2.7m。

（4）低压计量箱安装应注意防雨，在保证安全的条件下，安装后箱体与地面距离应不小于 2m。

（5）跨越街道的接户线至路面中心的垂直距离不应小于下列数值：

1）通车街道，6m；

2）通车困难的街道、人行道，3.5m；

3）不通车的人行道、胡同（里、弄、巷），3m。

（6）低压接户线与建筑物有关部分的距离，不应小于下列数值：

1）接户线与下方窗户的垂直距离，0.3m；

2）接户线与上方阳台或窗户的垂直距离，0.8m；

3）与阳台或窗户的水平距离，0.75m；

4）与墙壁、构架的距离，0.05m。

（7）低压接户线与弱电线路的交叉距离，不应小于下列数值：

1）低压接户线在弱电线路的上方，0.6m；

2）低压接户线在弱电线路的下方，0.3m。

如不能满足上述要求，应采取隔离措施。

（8）接户线与线路导线若为铜铝连接，应有可靠的铜铝过渡措施。不同金属、不同规格、不同绞向的接户线，严禁在档距内连接。

跨越通车街道的接户线，不应有接头。

（9）沿墙敷设时距天然气水平不小于0.25m，交叉时净距不小于0.1m，当明装电线加绝缘套管且套管的两端各伸出燃气管道10cm时，套管与燃气管道的交叉净距可降至1cm（出自GB 50028—2006）。

6.3　功能要求

满足用户需求，经济、安全、可靠，预留发展空间。

6.4　边界条件

起于引线T接处止于用户电表前端。

6.5　接户方案图纸

380V接户线架空接户线接户方式设计图如图6-1～图6-6所示。

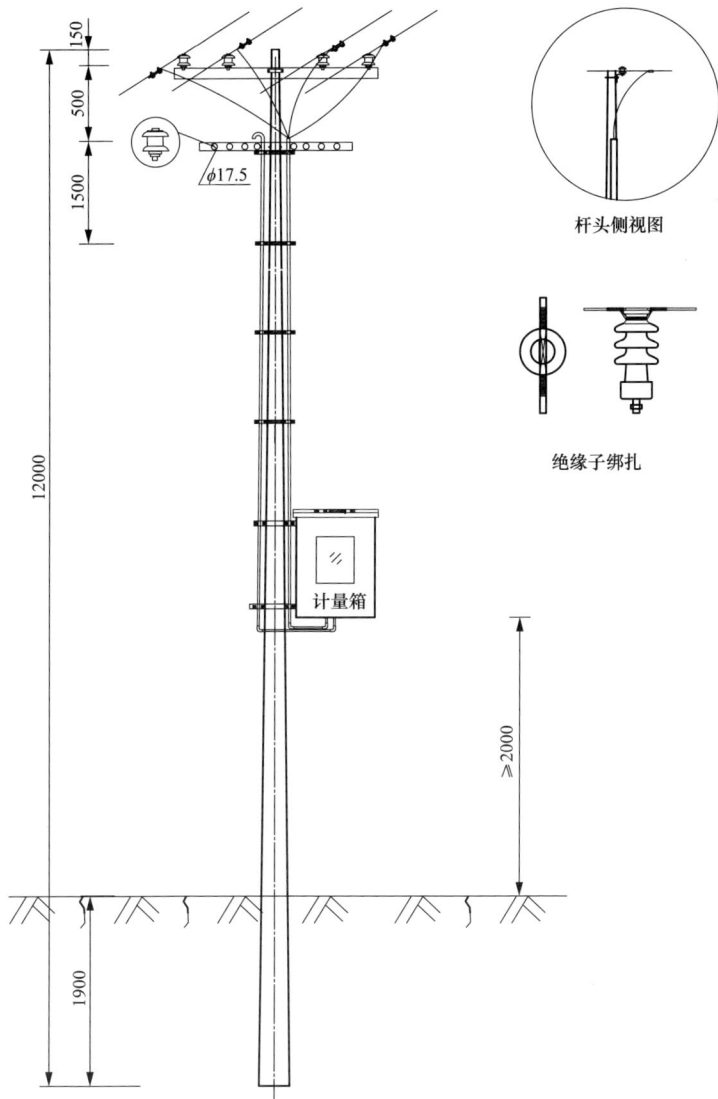

杆头侧视图

绝缘子绑扎

材料表

物料编码	材料名称	规格型号	加工图图号	固化ID	材料类型	数量	单位	单重(kg)	备注
	线夹	JH线夹				8	个		四色绝缘罩
500027442	绝缘导线	JKLYJ-1-35		A171-50005 7753-00001		32	m		按实际需求选取
	引线横担	∠63×6×1500	图6-29		铁附件	1	根	4.48	
500017325	蝶式绝缘子	ED-2		G002-50001 7324-00001	绝缘子	4	只		
	铜、铝接线端子	35				4	个		
	护套线	BLVVB 4芯				100	m		
	CPVC穿线管	φ32				16	m		表箱出线使用
	CPVC管弯头	φ32 90°				8	个		
	CPVC(直通)接头	φ32				4	个		
	表箱安装U形抱箍	U16-300	图4-5		铁附件	2	副	1.58	
	表箱安装横担	∠50×5×1000	图4-3		铁附件	2	副	3.56	
	电缆固定支架	DBG 6-200	图4-4		铁附件	1	副	3.55	包含固定电缆端
	电缆固定支架	DBG 6-220	图4-4		铁附件	1	副	3.71	包含固定电缆端
	电缆固定支架	DBG 6-240	图4-4		铁附件	1	副	3.87	包含固定电缆端
	电缆固定支架	DBG 6-260	图4-4		铁附件	1	副	4.05	包含固定电缆端
	电缆固定支架	DBG 6-280	图4-4		铁附件	3	副	4.23	包含固定电缆端
	电缆抱箍	KBG 5-70	图4-4			5	只		
	螺栓	M16×40 (两垫一帽)			铁附件	28	只	0.14	
500136123	电表箱	电能计量箱,三相,2,不锈钢,100A,悬挂式		G002-5001 35865-00002		1	只		

说明:1.线夹、蝶式绝缘子等根据导线截面积进行调整;
2.所有铁件均为热镀锌防腐;
3.计量箱安装于杆上,计量箱对地距离≥2000mm,若采用金属计量箱时必须可靠接地,接地扁铁采用镀锌50×5×2500,需涂黄黑间隔色标记,接地极埋深不小于600mm;
4.八眼走线横担与低压引线横担间距为500mm;电缆支架与八眼走线横担间距不小于1500mm;
5.进户线与下户线进入穿管时,需做防水弯处理。

图 6-1　380V 杆上计量接户方式示意图(三相)(12m)

材料表

物料编码	材料名称	规格型号	加工图图号	固化ID	材料类型	数量	单位	单重（kg）	备注
	线夹	JH线夹				8	个		四色绝缘罩
500027442	绝缘导线	JKLYJ-1-35		A171-50005 7753-00001		32	m		按实际需求选取
	引线横担	∠63×6×1500	图6-29		铁附件	1	根	4.48	
500017325	蝶式绝缘子	ED-2		G002-50001 7324-00001	绝缘子	4	只		
	铜、铝接线端子	35.0000				4	个		
	护套线	BLVVB 4芯				100	m		
	CPVC穿线管	φ32				16	m		表箱出线使用
	CPVC管弯头	φ32 90°				8	个		
	CPVC（直通）接头	φ32				4	个		
	表箱安装U形抱箍	U16-300	图4-5		铁附件	2	副	1.58	
	表箱安装横担	∠50×5×1000	图4-3		铁附件	2	副	3.56	
	电缆固定支架	DBG 6-220	图4-4		铁附件	1	副	3.55	包含固定电缆端
	电缆固定支架	DBG 6-240	图4-4		铁附件	1	副	3.71	包含固定电缆端
	电缆固定支架	DBG 6-260	图4-4		铁附件	1	副	3.87	包含固定电缆端
	电缆固定支架	DBG 6-280	图4-4		铁附件	1	副	4.05	包含固定电缆端
	电缆固定支架	DBG 6-300	图4-4		铁附件	3	副	4.23	包含固定电缆端
	电缆抱箍	KBG 5-70	图4-4			5	只		
	螺栓	M16×40 （两垫一帽）			铁附件	28	只	0.14	
500136123	电表箱	电能计量箱，三相，2，不锈钢，100A，悬挂式		G002-5001 35865-00002		1	只		

说明：1. 线夹、蝶式绝缘子等根据导线截面积进行调整；
　　　2. 所有铁件均为热镀锌防腐；
　　　3. 计量箱安装于杆上，计量箱对地距离≥2000mm，若采用金属计量箱时必须可靠接地，接地扁
　　　　 铁采用镀锌50×5×2500，需涂黄黑间隔色标记，接地极埋深不小于600mm；
　　　4. 八眼走线横担与低压引线横担间距为500mm；电缆支架与八眼走线横担间距不小于1500mm；
　　　5. 进户线与下户线进入穿管时，需做防水弯处理。

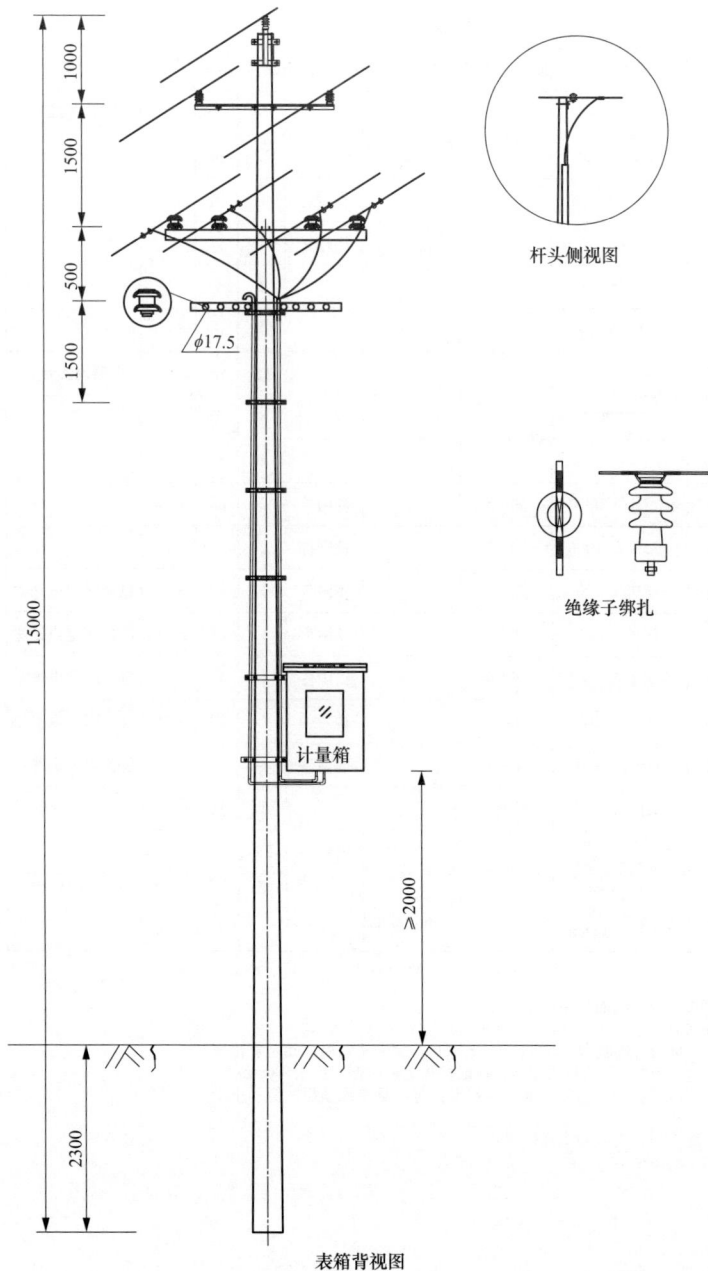

杆头侧视图

绝缘子绑扎

表箱背视图

图6-2　380V杆上计量接户方式示意图（三相）（15m）

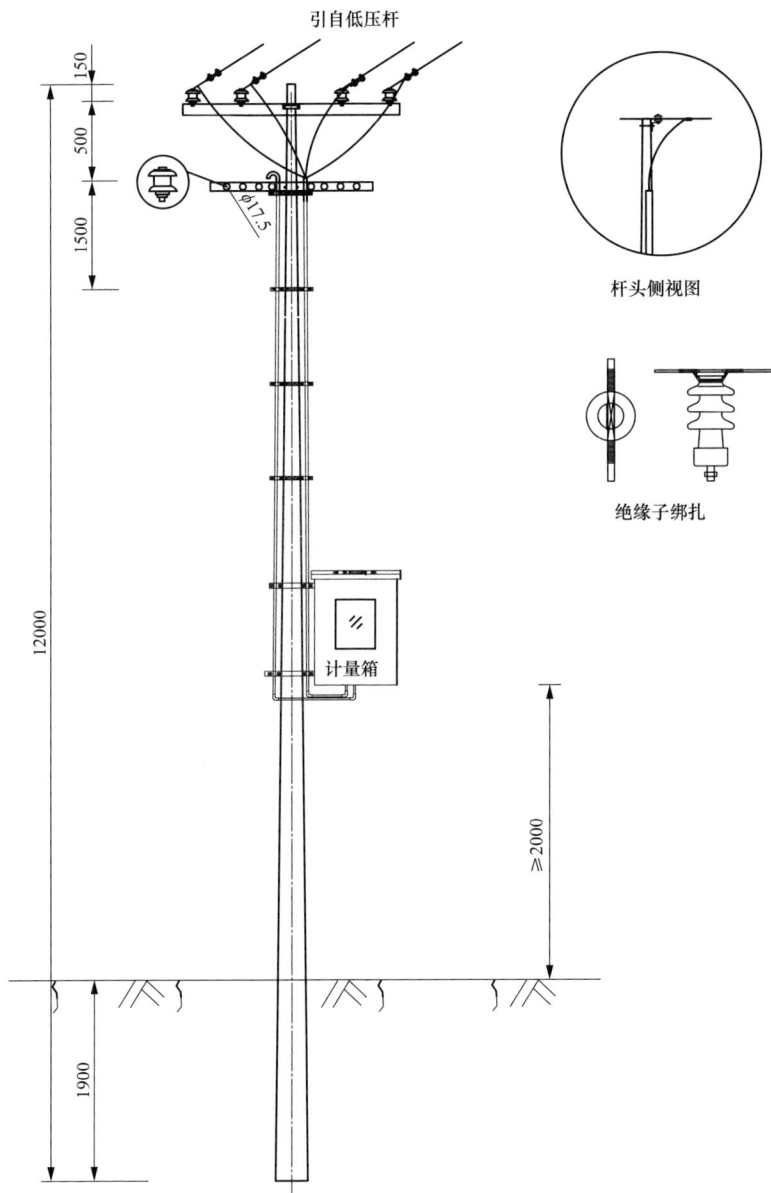

引自低压杆

杆头侧视图

绝缘子绑扎

12000

1900

≥2000

150 / 500 / 1500

φ17.5

计量箱

材料表

物料编码	材料名称	规格型号	加工图图号	固化ID	材料类型	数量	单位	单重（kg）	备注
	线夹	JH线夹				8	个		四色绝缘罩
500027442	绝缘导线	JKLYJ-1-35		A171-50005 7753-00001		32	m		按实际需求选取
	引线横担	∠63×6×1500	图6-29		铁附件	1	根	4.48	
500017325	蝶式绝缘子	ED-2		G002-50001 7324-00001	绝缘子	4	只		
	铜、铝接线端子	35				4	个		
	护套线	BLVVB 4芯				100	m		
	CPVC穿线管	φ32				16	m		表箱出线使用
	CPVC管弯头	φ32 90°				8	个		
	CPVC(直通)接头	φ32				4	个		
	表箱安装U形抱箍	U16-300	图4-5		铁附件	2	副	1.56	
	表箱安装横担	∠50×5×1000	图4-3		铁附件	2	副	3.56	
	电缆固定支架	DBG 6-200	图4-4		铁附件	1	副	3.55	包含固定电缆端
	电缆固定支架	DBG 6-220	图4-4		铁附件	1	副	3.71	包含固定电缆端
	电缆固定支架	DBG 6-240	图4-4		铁附件	1	副	3.87	包含固定电缆端
	电缆固定支架	DBG 6-260	图4-4		铁附件	1	副	4.05	包含固定电缆端
	电缆固定支架	DBG 6-280	图4-4		铁附件	3	副	4.23	包含固定电缆端
	电缆抱箍	KBG 5-70	图4-4			5	只		
	螺栓	M16×40 (两垫一帽)			铁附件	28	只	0.14	
500136123	电表箱	电能计量箱,三相,2,不锈钢,100A,悬挂式		G002-5001 35865-00002		1	只		

说明：1. 线夹、蝶式绝缘子等根据导线截面积进行调整；
2. 所有铁件均为热镀锌防腐；
3. 计量箱安装于杆上，计量箱对地距离≥2000mm，若采用金属计量箱时必须可靠接地，接地扁铁采用镀锌50×5×2500，需涂黄黑间隔色标记，接地极埋深不小于600mm；
4. 八眼走线横担与低压引线横担间距为500mm；电缆支架与八眼走线横担间距不小于1500mm；
5. 进户线与下户线进入穿管时，需做防水弯处理。

图 6-3　380V 接户杆杆上计量接户方式示意图（三相）（12m）

材料及适用表

型号	角钢		垫铁		总重 (kg)	R (mm)	L1 (mm)	L2 (mm)	适用主杆直径 (mm)
	规格 (mm)	单重 (kg)	规格	单重 (kg)					
HD15-A15	∠63×6×1500	8.58	−50×5×190	0.38	8.96	80	130	190	150~175
HD15-A19	∠63×6×1500	8.58	−50×5×243	0.48	9.06	100	150	230	190~215
HD15-B19	L70×7×1500	11.10	−50×5×243	0.48	11.58	100	150	230	190~215
HD15-C19	L75×8×1500	13.54	−60×6×243	0.69	14.23	100	150	230	190~215
HD15-D19	L80×8×1500	14.49	−60×6×243	0.69	15.18	100	150	230	190~215
HD15-E19	L90×8×1500	16.42	−70×7×243	0.80	17.22	100	150	230	190~215

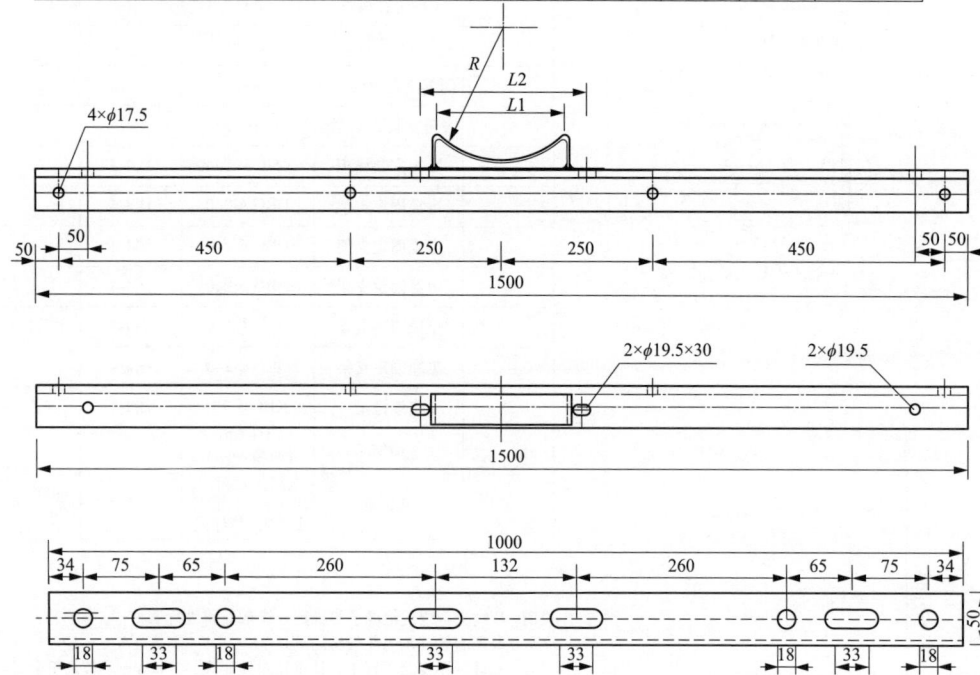

表箱安装支架

说明:1.铁件均需热镀锌,材料表中的角钢材料为Q235;

2.如同一根杆中使用双侧横担,加工孔时应镜像加工;

3.图中R的尺寸是根据横担安装位置不同确定;

4.扁钢与角钢须四面焊接,且焊缝高度为6mm。

图 6-4　四线横担制造图

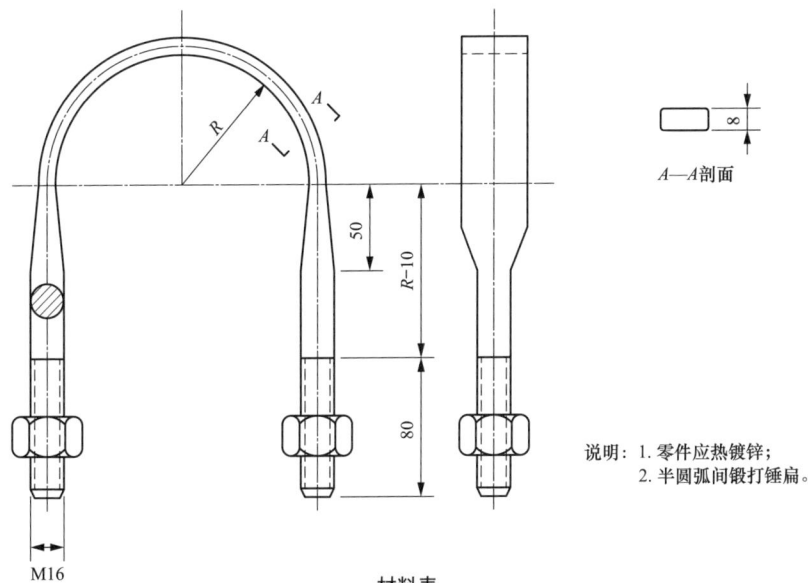

说明：1. 零件应热镀锌；
2. 半圆弧间锻打锤扁。

材料表

规格（mm）		材料名称	材料规格	下料长度	数量（根/只）		单重（kg）		单套重量	备注
型号	半径R			L（mm）	钢材	螺母	钢材	螺母	（kg）	
φ163	81	圆钢	φ16	584	1	2	0.93	0.10	1.03	
φ200	100	圆钢	φ16	679	1	2	1.07	0.10	1.17	
φ220	110	圆钢	φ16	731	1	2	1.16	0.10	1.26	
φ230	115	圆钢	φ16	756	1	2	1.20	0.10	1.30	
φ250	125	圆钢	φ16	808	1	2	1.28	0.10	1.38	
φ270	135	圆钢	φ16	859	1	2	1.36	0.10	1.46	
φ280	140	圆钢	φ16	885	1	2	1.40	0.10	1.50	
φ300	150	圆钢	φ16	936	1	2	1.48	0.10	1.58	
φ320	160	圆钢	φ16	988	1	2	1.56	0.10	1.66	
φ350	175	圆钢	φ16	1065	1	2	1.68	0.10	1.78	
φ380	190	圆钢	φ16	1142	1	2	1.80	0.10	1.90	
φ400	200	圆钢	φ16	1193	1	2	1.88	0.10	1.98	

图 6-5　U形抱箍制造图

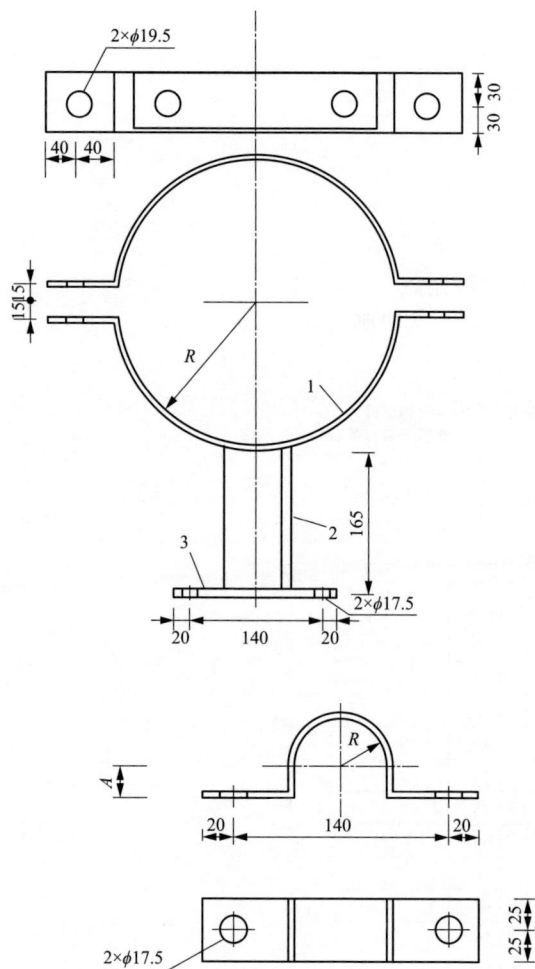

电缆固定支架选用表

型号	R (mm)	下料长度 L (mm)	单重 (kg)	单位 (副)	总重 (kg)
DBG6-160	80	390	1.10	1	3.17
DBG6-200	100	457	1.29	1	3.55
DBG6-210	150	470	1.33	1	3.63
DBG6-220	110	484	1.37	1	3.71
DBG6-240	120	514	1.45	1	3.87
DBG6-260	130	545	1.54	1	4.05
DBG6-280	140	576	1.63	1	4.23
DBG6-300	150	608	1.72	1	4.41
DBG6-320	160	638	1.81	1	4.59

材料表

编号	名称	设备材料型号	单位	数量	重量 (kg)	备注
1	扁钢	—60×6×L	块	2	见上表	
2	角铁	∠50×5×165	块	1	0.62	
3	扁铁	—50×5×180	块	1	0.35	

选用表

型号	R (mm)	A	规格	长度 (mm)	单位 (块)	总重 (kg)
KBG5-50	25	15	—50×5	239	1	0.47
KBG5-70	35	25	—50×5	270	1	0.53
KBG5-90	45	35	—50×5	302	1	0.59
KBG5-100	50	40	—50×5	317	1	0.62

说明:1. 每副支架配8mm膨胀螺栓2套，穿线管放入支架槽中两端用膨胀螺栓固定;
　　　2. 表中A指通过圆心且平行于底面铁件的垂直距离。

图 6-6　电缆固定抱箍制造图

第 7 章　380V 电缆接户方案

7.1　设计说明

电缆线路架空敷设是将电缆挂在距地面有一定高度的一种电缆敷设方式，适用于 A+、A、B 类地区负荷发展分散、无架空线路通道、电缆地下敷设开挖困难的区域，如城乡接合部、城中村、棚户区等。与地下电缆敷设方式相比，优点为架设方便、投资小、工期短；缺点为易受外界环境影响、安全可靠性差、不美观。

7.1.1　导线选型

380V 电缆接户指配电线路与用户建筑物外第一支持点之间的一段电缆。架空接户电缆线推荐采用 YJV/YJLV 电缆。

7.1.2　截面积选用

（1）380V 接户电缆线的导线截面积应根据导线允许载流量选择，每户用电容量可按城镇不低于 8kW、一般乡村不低于 4kW 确定。选择接户线截面积时应留有裕度，以备可预见的户数增加。

（2）接户电缆最小截面积不宜小于 $35mm^2$。

（3）中性线（零线）截面积应与相线截面积相同。

7.1.3　接户线装置方式

本章节为 380V 电缆接户线部分，包含了电缆悬挂接户方式、电缆直埋接户方式、电缆直埋接户至电缆分支箱接户方式 3 种方案。

7.2　设备（装置）的技术要求及说明

当采用电缆线路架空敷设方式时，应满足如下要求：

（1）须另设电缆吊线，利用挂钩将电缆吊挂在吊线下方。

（2）吊线一般采用镀锌钢绞线，根据所挂敷电缆规格计算单位重量进行选择，吊线用镀锌钢绞线选型表见表 7-1，镀锌钢绞线须根据放线安全系数及吊挂电缆型号的变化进行严格校验。

表 7-1　　　　　吊线用镀锌钢绞线选型表

电缆导体及截面积	镀锌钢绞线选择
铝电缆 4 芯，120 以下	GJ-25
铜电缆 4 芯，50 以下	GJ-25

续表

电缆导体及截面积	镀锌钢绞线选择
铝电缆 4 芯，120～240	GJ-35
铜电缆 4 芯，50～95	GJ-35
铜电缆 4 芯，120、150、185	GJ-50

当采用墙侧式挂敷时，吊线固定在建筑物外墙上的墙担，墙担直线间距一般不大于 6m，在转角处需另设转角支架，墙担的规格根据所挂敷的电缆规格和回路数进行选择，单回敷设采用∠50×5×250 L 型墙担，双回敷设采用∠50×5×450 T 型墙担，上方需加扁钢拉铁；L 型、T 型墙担作耐张或终端时，根据受力需要加装扁钢拉铁；电缆两端的墙担应可靠接地，并有效连接到镀锌钢绞线，接地线宜采用镀锌扁钢（50×5）。一条吊线吊挂另一条电缆，吊挂电缆的挂钩之间距离应为 0.4m，电缆挂钩根据所挂敷电缆的外径选择相应的规格型号。当采用电杆挂敷时，吊线通过单槽夹板及跳线抱箍（角铁横担）固定安装于电杆上，在终端位置采用拉线抱箍及其他金具，保证电缆挂敷的安全性。电杆档距一般不大于 50m，挂钩间距应为 0.4m，根据电缆线径选择挂钩型号。电杆一般选用 GB/T 4623《环形混凝土电杆》中的锥形普通非预应力水泥杆、锥形普通预应力水泥杆，宜采用 $\phi190mm×10m$ 水泥杆，具体水泥杆选择须根据电缆型号、外部受力情况进行严格校验。终端杆应安装拉线。

7.3　功能要求

满足用户需求，经济、安全、可靠，预留发展空间。

7.4　边界条件

起于引线 T 接处止于用户电表前端。

7.5　接户方案图纸

380V 电缆接户方式设计图如图 7-1～图 7-14 所示。

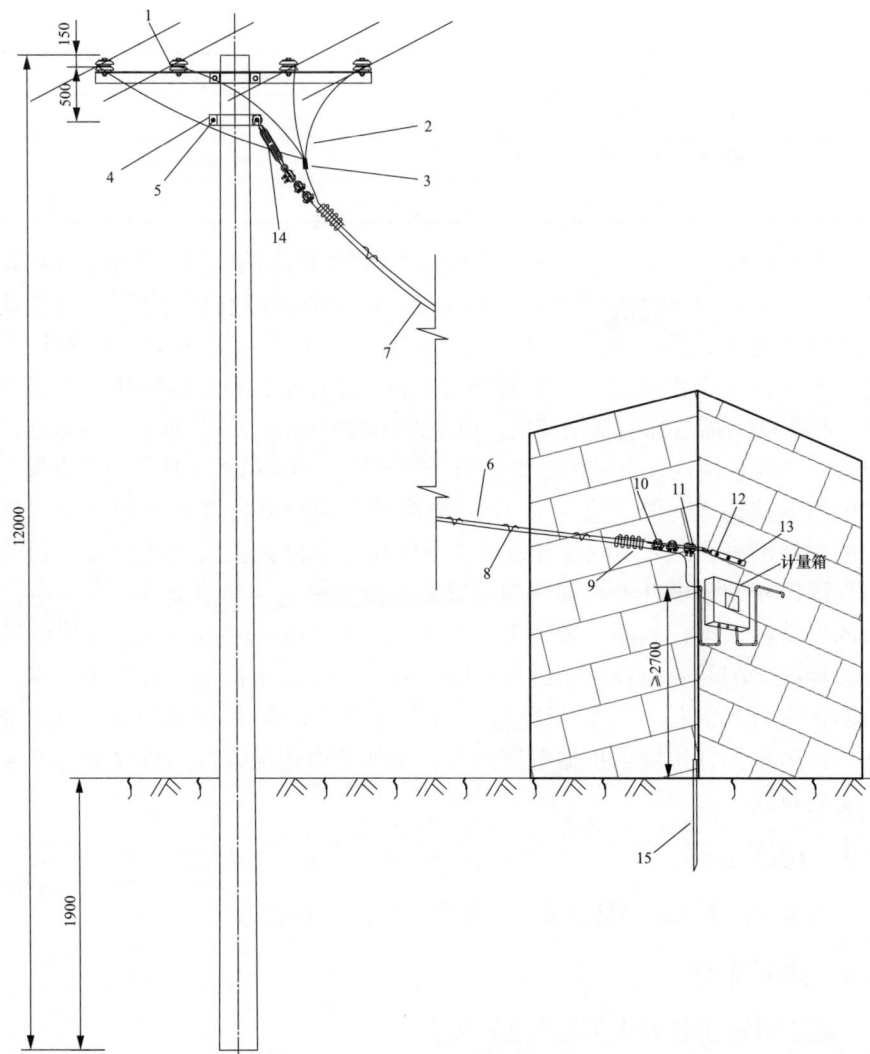

材料表

编号	物料编码	材料名称	规格型号	加工图图号	固化ID	材料类型	数量	单位	单重(kg)	备注
1		线夹	JH线夹				4	只		按实际需求取
2		铜铝过渡接线端子	DL（DTL）				8	只		铜电缆时4只DTL
3	500052372	低压电缆终端头	1kV电缆终端，4×70，户外终端，冷缩，铜		9906-5001 32754-00001		1	副		
4		拉线抱箍	BG6-1-190	图7-12		铁附件	1	副	3.40	
5		螺栓	M16×70			铁附件	2	只	0.22	
6		钢绞线	GJ-25				1	根		按实际需求取
7	500132455	低压电缆	低压电力电缆，YJLV，铝，70，4芯，ZC，无铠装，普通		9995-5001 32455-00001		1	根		按实际需求进取
8		电缆挂钩					20	只		一般隔1m一个
9	500014805	布电线	布电线，BV，铜，2.5，1		G002-50001 4805-00004		2	m		绑扎线（定额包含物料）
10		钢卡子	JK-1				4	只		
11		线夹	JBB-1				2	只		
12		有眼拉攀	—10×40×370	图7-11		铁附件	1	副	1.16	
13		膨胀螺栓	M12×80/100			铁附件	3	只		
14		Co花篮螺栓	M8				1	只		
15		接地装置		图9-2、图9-3		铁附件	1	套	14.55	

说明：1.线夹、接线端子、电缆终端头、花篮螺栓等连接件
根据导线截面积进行调整；
2.铁件均需热镀锌，材料为Q235；
3.如采用金属低压分支箱时必须可靠接地。

图 7-1　380V 电缆悬挂接户方式示意图（12m）

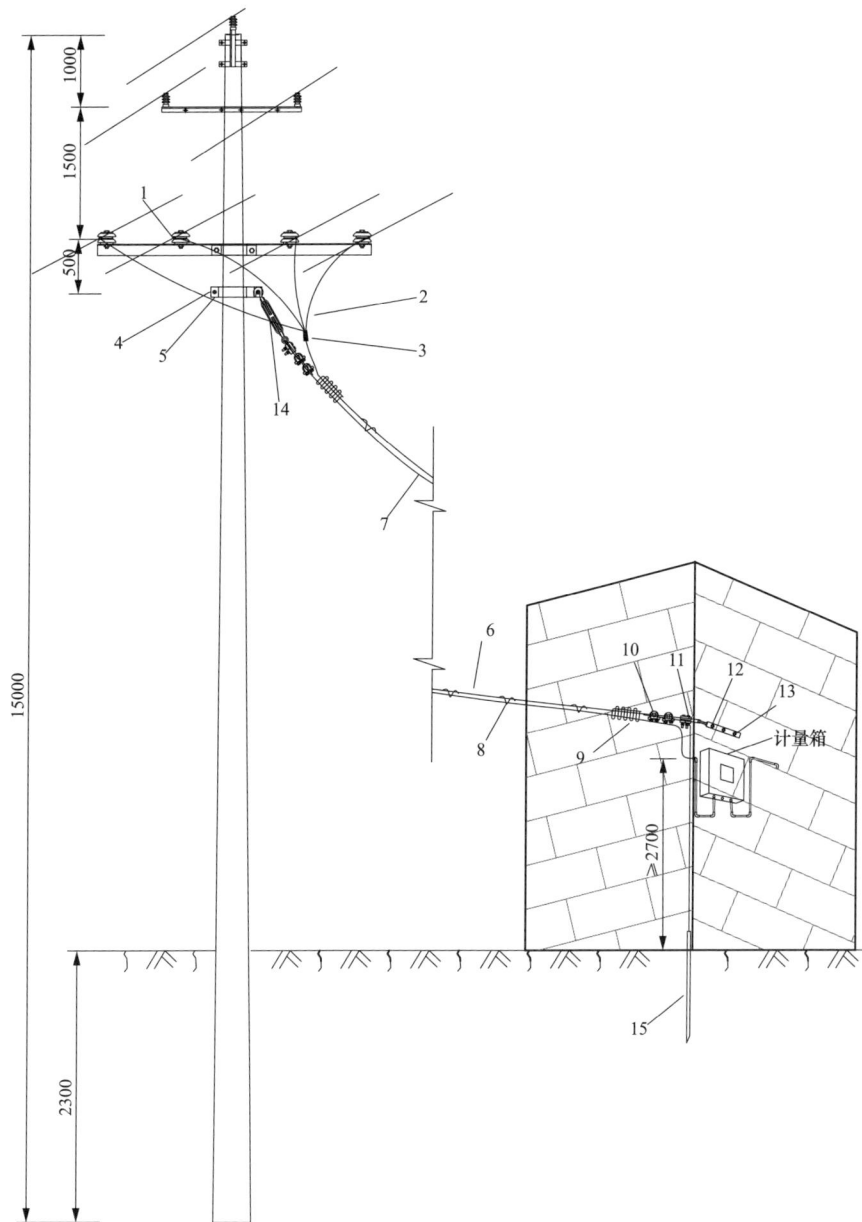

材料表

编号	物料编码	材料名称	规格型号	加工图图号	固化ID	材料类型	数量	单位	单重(kg)	备注
1		线夹	JH线夹				4	只		按实际需求取
2		铜铝过渡接线端子	DL（DTL）				8	只		铜电缆时4只DTL
3	500052372	低压电缆终端头	1kV电缆终端，4×70，户外终端，冷缩，铜		9906-5001 32754-00001		1	副		
4		拉线抱箍	BG6-1-230	图7-12		铁附件	1	副	3.40	
5		螺栓	M16×70			铁附件	2	只	0.22	
6		钢绞线	GJ-25				1	根		按实际需求取
7	500132455	低压电缆	低压电力电缆，YJLV，铝，70，4芯，ZC，无铠装，普通		9995-5001 32455-00001		1	根		按实际需求进取
8		电缆挂钩					20	只		一般隔1m一个
9	500014805	布电线	布电线，BV，铜，2.5，1		G002-50001 4805-00004		2	m		绑扎线（定额包含物料）
10		钢卡子	JK-1				4	只		
11		线夹	JBB-1				2	只		
12		有眼拉攀	—10×40×370	图7-11		铁附件	1	副	1.16	
13		膨胀螺栓	M12×80/100			铁附件	3	只		
14		Co花篮螺栓	M8				1	只		
15		接地装置		图9-2、图9-3		铁附件	1	套	14.55	

说明：1.线夹、接线端子、电缆终端头、花篮螺栓等连接件
根据导线截面积进行调整；
2.铁件均需热镀锌，材料为Q235；
3.如采用金属低压分支箱时必须可靠接地。

图 7-2　380V 电缆悬挂接户方式示意图（15m）

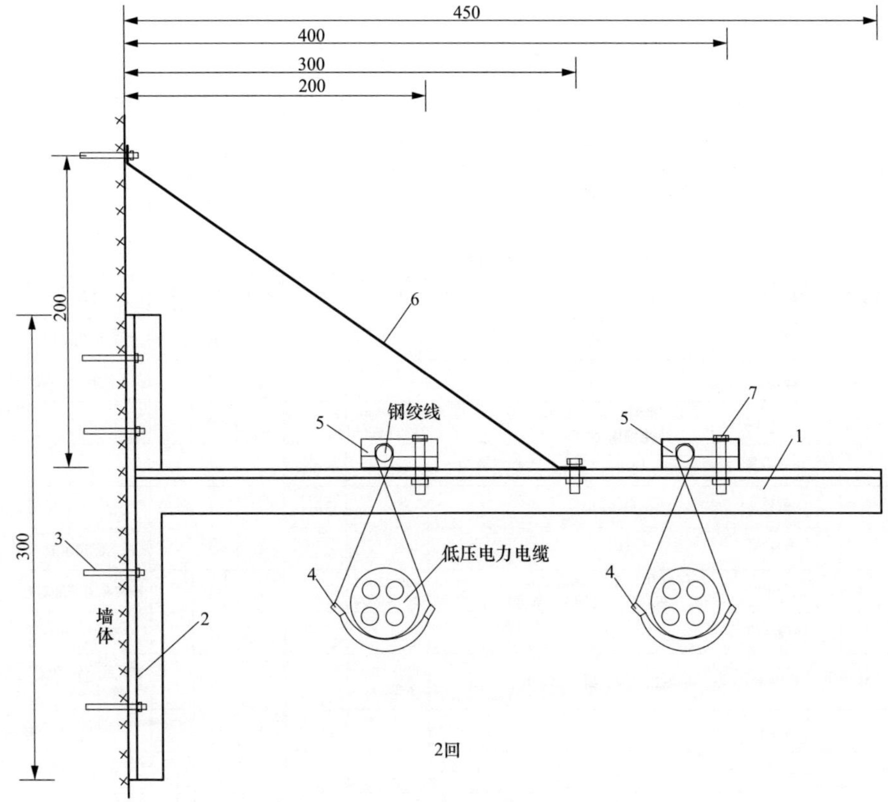

2回材料表

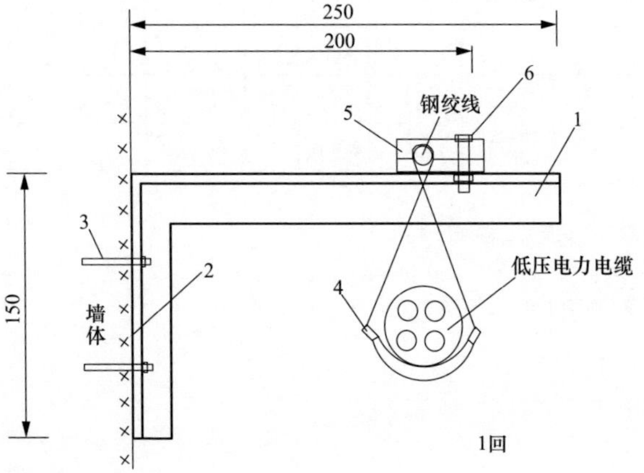

编号	名称	规格	单位	数量	铁附件加工图号	备注
1	墙担	∠50×5×450	套	1	图7-10	
2	墙担	∠50×5×300	套	1	图7-10	
3	膨胀螺栓	M12，100	个	5		
4	电缆挂钩	25~115号	个	40		每8m
5	单槽夹板		个	2		
6	墙担拉铁	—50×5×360	个	1	图7-10	L-1
7	螺栓	M16，60	只	3		

1回材料表

编号	名称	规格	单位	数量	铁附件加工图号	备注
1	墙担	∠50×5×250	套	1	图19-31	
2	墙担	∠50×5×150	套	1	图19-31	
3	膨胀螺栓	M12，100	只	2		
4	电缆挂钩	25~115号	个	20		每8m
5	单槽夹板		个	1		
6	螺栓	M16，60	个	1		

图 7-3　380V墙侧式挂敷电缆断面图

•86•　甘肃0.4kV架空配电线路接户线典型设计

说明：1.电缆根据用户数和报装容量进行截面积选择，依次为50、35、16mm²；
2.电缆地埋部分及地面上2.5m必须进行ϕ50型钢管穿管；
3.电缆只能在跨越马路或接户线主线路需电缆过渡时使用；
4.电缆使用有特殊原因的必须备注，禁止大面积架空或地埋使用；
5.电缆埋深≥800mm，穿管口应用防火堵料进行封堵；
6.电缆以YJLV型交联聚乙烯绝缘聚氯乙烯护套电缆为主；
7.支架高度应保持一致，并满足接户线对地净高大于2.5m，两支持点间距应尽量均匀，最大不超过6m；
8.所有铁件均采用热镀锌防腐；
9.如采用金属计量箱时必须可靠接地。

材料表

编号	物料编码	材料名称	规格型号	加工图图号	固化ID	材料类型	数量	单位	单重(kg)	备注
1		线夹	JH线夹				8	只		四色绝缘罩
2	500052372	低压电缆终端头	1kV电缆终端，4×70，户外终端，冷缩，铜		9906-50013 2754-00001		2	套		据实际要求选取
3	500132455	低压电缆	低压电力电缆，YJLV，铝，70，4芯，ZC，无铠装，普通		9995-50013 2455-00001		26	m		据实际要求选取
4		电缆保护钢管	ϕ32				2	m		上墙
5		封堵料	FZ D-Ⅱ型				2	kg		
6		电缆固定支架	DBG 6-200	图7-9		铁附件	1	副	3.71	包含固定电缆端
7		电缆固定支架	DBG 6-220	图7-9		铁附件	1	副	3.87	包含固定电缆端
8		电缆固定支架	DBG 6-240	图7-9		铁附件	1	副	4.05	包含固定电缆端
9		电缆固定支架	DBG 6-260	图7-9		铁附件	1	副	4.23	包含固定电缆端
10		电缆固定支架	DBG 6-280	图7-9		铁附件	1	副	4.41	包含固定电缆端
11		铜铝过渡接线端子	DL（DTL/DT）				8	只		铜电缆用4只DT
12		电缆保护钢管	ϕ32				3	m		上杆
13		电缆保护钢管	ϕ32				15	m		过路
14		电缆上墙支架	KBG5-100	图7-9		铁附件	2	副	0.62	
15		膨胀螺栓	M12×80/100			铁附件	8	个		
16		CPVC穿线管	ϕ32				4	m		
17		CPVC穿线管管卡	ϕ32				5	个		
18		CPVC管弯头	ϕ32 90°				3	个		
19	500107558	电缆分支箱	进线隔离开关630A，出线塑壳断路器，4×250A，304不锈钢，挂墙式，户外		G002-50010 7558-00003		1	面		
20	500136016	电表箱	电能计量箱，单相，6，不锈钢，40A，悬挂式		G002-50013 5928-00001		1	个		
21		接地装置		图9-2、图9-3		铁附件	1	套	14.55	

图中标注：150、1490、1490、1490、1490、1490、1490、2500、1900、12000、≥800、道路、路面、道路10m、跨路地埋电缆15m、计量箱、≥600、100

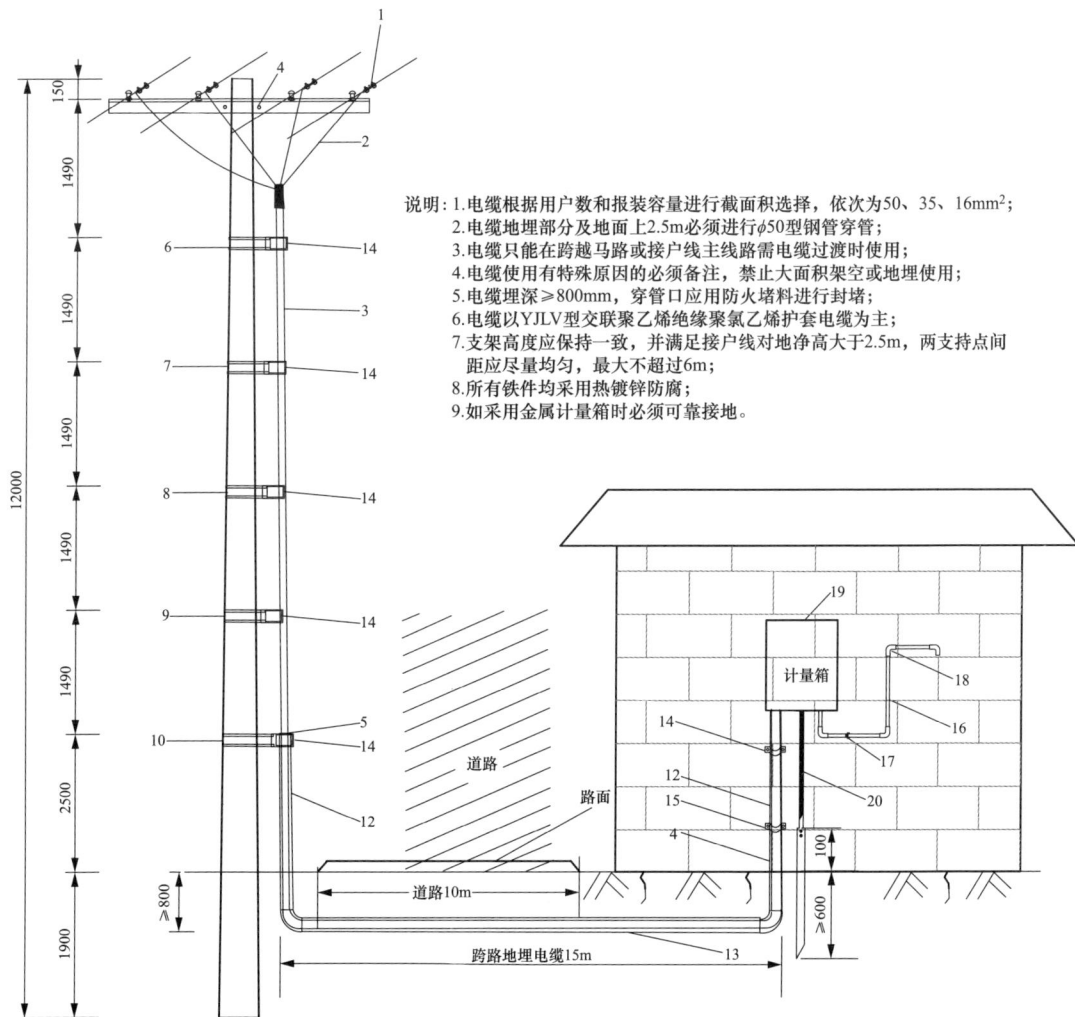

图7-4　380V电缆直埋接户方式示意图（12m）

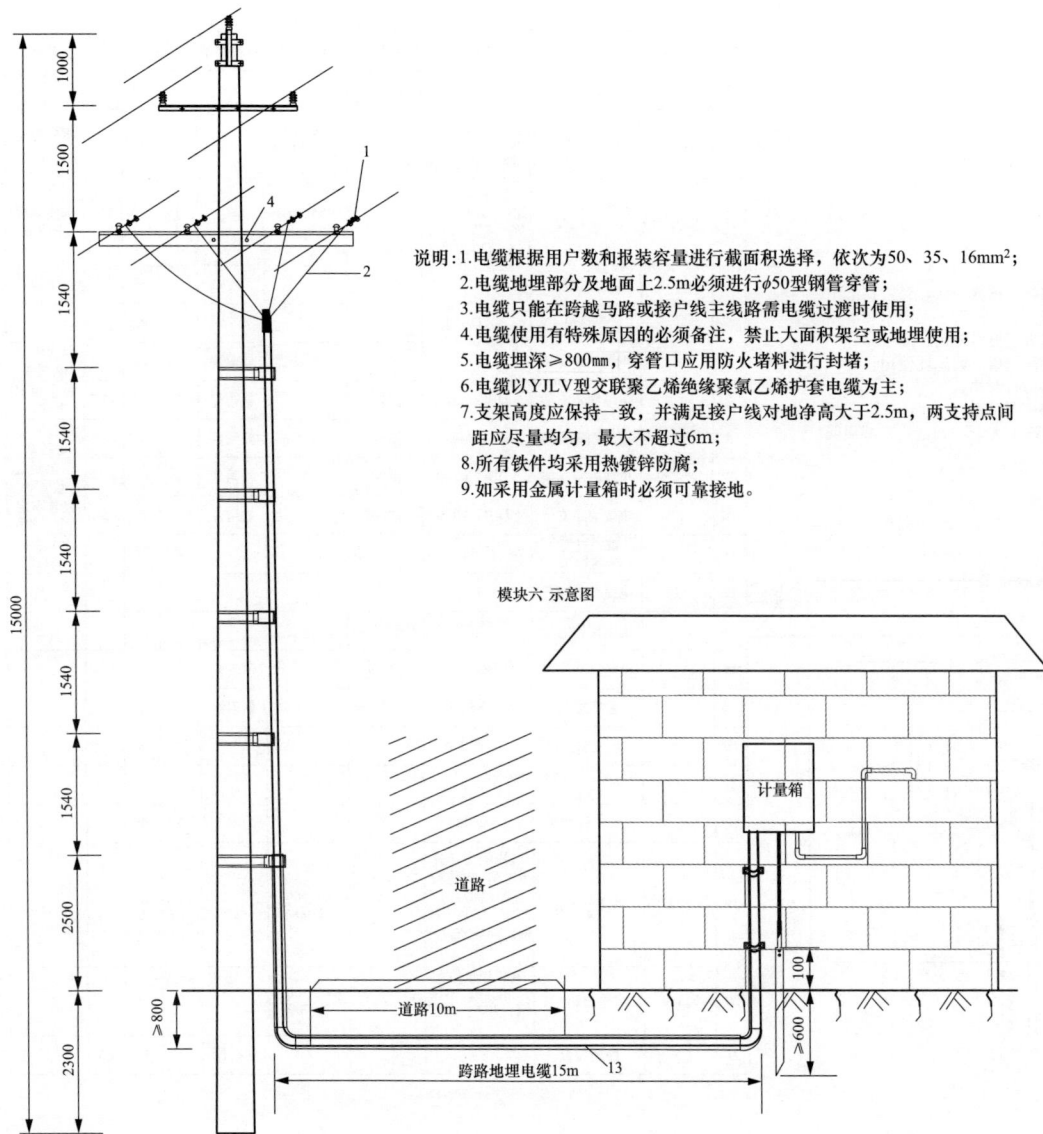

说明：1.电缆根据用户数和报装容量进行截面积选择，依次为50、35、16mm²；
2.电缆地埋部分及地面上2.5m必须进行φ50型钢管穿管；
3.电缆只能在跨越马路或接户线主线路需电缆过渡时使用；
4.电缆使用有特殊原因的必须备注，禁止大面积架空或地埋使用；
5.电缆埋深≥800mm，穿管口应用防火堵料进行封堵；
6.电缆以YJLV型交联聚乙烯绝缘聚氯乙烯护套电缆为主；
7.支架高度应保持一致，并满足接户线对地净高大于2.5m，两支持点间距应尽量均匀，最大不超过6m；
8.所有铁件均采用热镀锌防腐；
9.如采用金属计量箱时必须可靠接地。

模块六 示意图

计量箱

道路

道路10m

跨路地埋电缆15m 13

≥800

100

≥600

材料表

编号	物料编码	材料名称	规格型号	加工图图号	固化ID	材料类型	数量	单位	单重（kg）	备注
1		线夹	JH线夹				8	只		四色绝缘罩
2	500052372	低压电缆终端头	1kV电缆终端，4×70，户外终端，冷缩，铜		9906-5001 32754-00001		2	套		据实际要求选取
3	500132455	低压电缆	低压电力电缆，YJLV，铝，70，4芯，ZC，无铠装，普通		9995-5001 32455-00001		26	m		据实际要求选取
4		电缆保护钢管	φ32				2	m		上墙
5		封堵料	FZ D-II型				2	kg		
6		电缆固定支架	DBG 6-220	图7-9		铁附件	1	副	3.71	包含固定电缆端
7		电缆固定支架	DBG 6-240	图7-9		铁附件	1	副	3.87	包含固定电缆端
8		电缆固定支架	DBG 6-260	图7-9		铁附件	1	副	4.05	包含固定电缆端
9		电缆固定支架	DBG 6-280	图7-9		铁附件	1	副	4.23	包含固定电缆端
10		电缆固定支架	DBG 6-300	图7-9		铁附件	1	副	4.41	包含固定电缆端
11		铜铝过渡接线端子	DL（DTL/DT）				8	只		铜电缆用4只DT
12		电缆保护钢管	φ32				3	m		上杆
13		电缆保护钢管	φ32				15	m		过路
14		电缆上墙支架	KBG5-100	图7-9		铁附件	2	副	0.62	
15		膨胀螺栓	M12×80/100			铁附件	8	个		
16		CPVC穿线管	φ32				4	m		
17		CPVC穿线管管卡	φ32				5	个		
18		CPVC管弯头	φ32 90°				3	个		
19	500136016	电表箱			G002-5001 35928-00001		1	个		
20		接地装置		图9-2、图9-3		铁附件	1	套	14.55	

图 7-5 380V 电缆直埋接户方式示意图（15m）

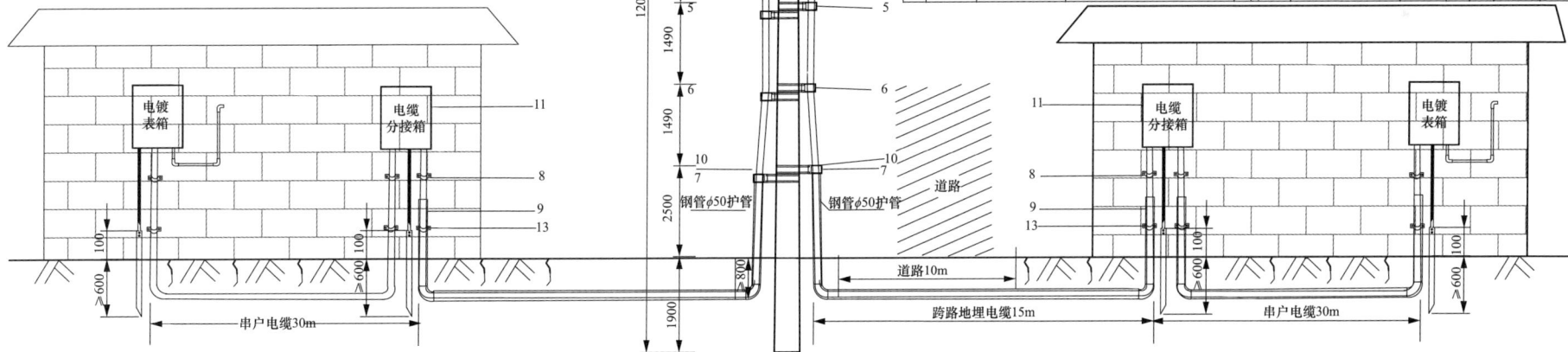

材料表

编号	物料编码	材料名称	规格型号	加工图图号	固化ID	材料类型	数量	单位	单重 (kg)	备注
1		线夹	JH线夹				16	只		四色绝缘罩
2	500052372	低压电缆终端头	1kV电缆终端, 4×70, 户外终端, 冷缩, 铜		9906-500132754-00001		8	套		据实际要求选取
3	500132455	低压电缆	低压电力电缆, YJLV, 铝, 70, 4芯, ZC, 无铠装, 普通		9995-500132455-00001		52	m		据实际要求选取
4		电缆保护钢管	φ32				12	m		上墙
5		封堵料	FZ D-II型				8	kg		
6		电缆固定支架	DBG 6-200	图7-9		铁附件	2	副	3.71	包含固定电缆端
7		电缆固定支架	DBG 6-220	图7-9		铁附件	2	副	3.87	包含固定电缆端
8		电缆固定支架	DBG 6-240	图7-9		铁附件	2	副	4.05	包含固定电缆端
9		电缆固定支架	DBG 6-260	图7-9		铁附件	2	副	4.23	包含固定电缆端
10		电缆固定支架	DBG 6-280	图7-9		铁附件	2	副	4.41	包含固定电缆端
11		铜铝过渡接线端子	DL (DTL/DT)				40	只		铜电缆用4只DT
12		电缆保护钢管	φ32				6	m		上杆
13		电缆保护钢管	φ32				90	m		过路、串户
14		电缆上墙支架	KBG 5-100	图7-9		铁附件	8	副	0.62	
15		膨胀螺栓	M12×80/100			铁附件	32	个		
16		CPVC穿线管	φ32				14	m		
17		CPVC穿线管管卡	φ32				20	个		
18		CPVC管弯头	φ32 90°				12	个		
19	500107558	电缆分支箱	进线隔离开关630A, 出线塑壳断路器, 4×250A, 304不锈钢, 挂墙式, 户外		G002-500107558-00003		2	面		
20	500136016	电表箱	电能计量箱, 单相, 6, 不锈钢, 40A, 悬挂式		G002-500135928-00001		2	个		
21		接地装置		图9-2、图9-3		铁附件	4	套	14.55	

说明：1. 电缆根据用户数和报装容量进行截面积选择，依次为50、35、16mm²；

2. 电缆地埋部分及地面上2.5m必须进行PPRφ50型穿管；

3. 电缆只能在跨越马路或接户线主线路需电缆过渡时使用；

4. 电缆使用有特殊原因的必须备注，禁止大面积架空或地埋使用；

5. 电缆埋深≥800mm，穿管口应用防火堵料进行封堵；

6. 电缆以YJLV型交联聚乙烯绝缘聚氯乙烯护套电缆为主。

图7-6　380V电缆直埋接户至电缆分支箱示意图（12m）

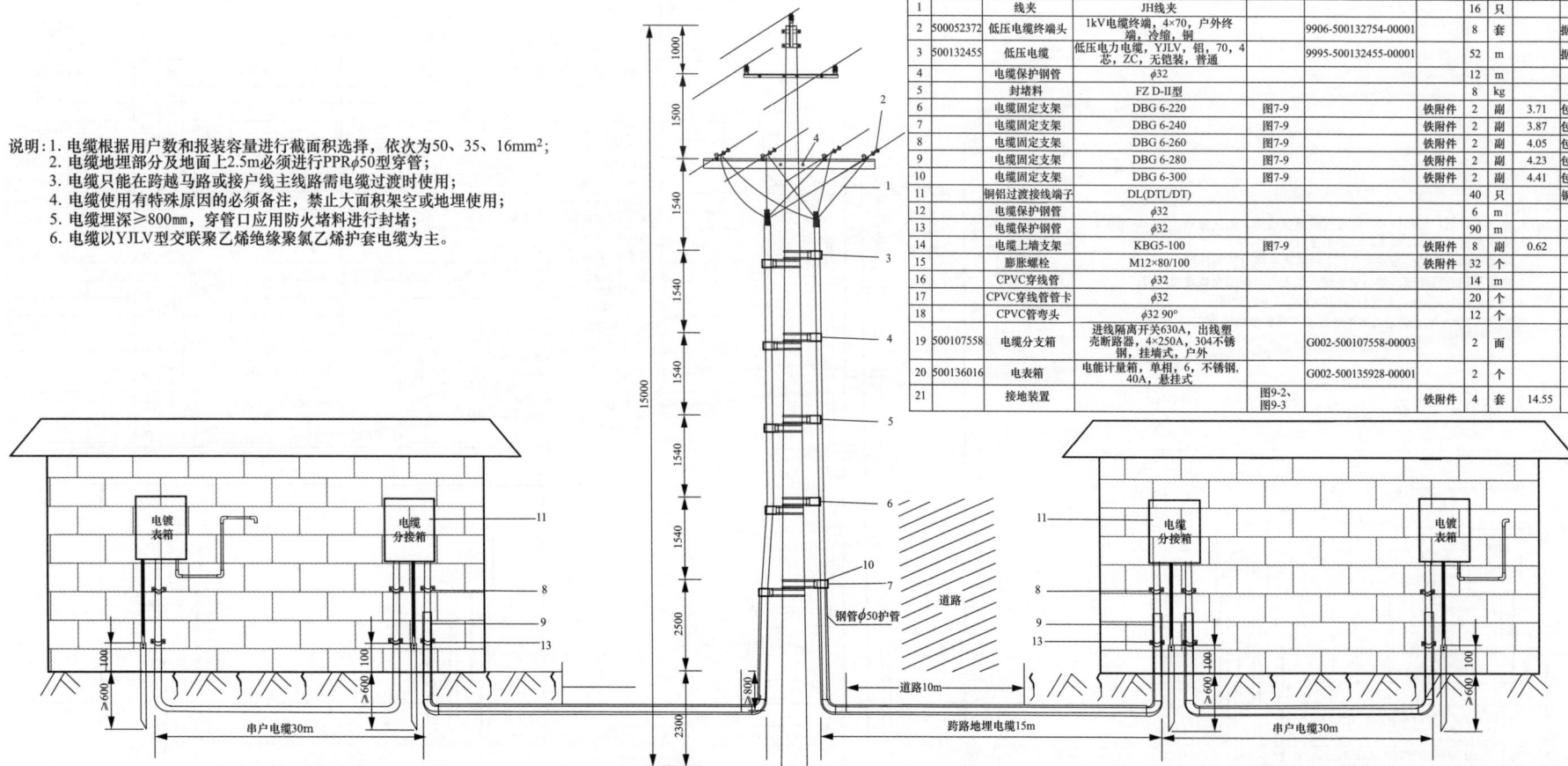

说明:1.电缆根据用户数和报装容量进行截面积选择,依次为50、35、16mm²;
2.电缆地埋部分及地面上2.5m必须进行PPRφ50型穿管;
3.电缆只能在跨越马路或接户线主线路需电缆过渡时使用;
4.电缆使用有特殊原因的必须备注,禁止大面积架空或地埋使用;
5.电缆埋深≥800mm,穿管口应用防火堵料进行封堵;
6.电缆以YJLV型交联聚乙烯绝缘聚氯乙烯护套电缆为主。

材料表

编号	物料编码	材料名称	规格型号	加工图图号	固化ID	材料类型	数量	单位	单重 (kg)	备注
1		线夹	JH线夹				16	只		四色绝缘罩
2	500052372	低压电缆终端头	1kV电缆终端,4×70,户外终端、冷缩、铜	9906-500132754-00001			8	套		据实际要求选取
3	500132455	低压电缆	低压电力电缆,YJLV,铝,70,4芯,ZC,无铠装、普通	9995-500132455-00001			52	m		据实际要求选取
4		电缆保护钢管	φ32				12	m		上墙
5		封堵料	FZ D-II型				8	kg		
6		电缆固定支架	DBG 6-220	图7-9		铁附件	2	副	3.71	包含固定电缆端
7		电缆固定支架	DBG 6-240	图7-9		铁附件	2	副	3.87	包含固定电缆端
8		电缆固定支架	DBG 6-260	图7-9		铁附件	2	副	4.05	包含固定电缆端
9		电缆固定支架	DBG 6-280	图7-9		铁附件	2	副	4.23	包含固定电缆端
10		电缆固定支架	DBG 6-300	图7-9		铁附件	2	副	4.41	包含固定电缆端
11		铜铝过渡接线端子	DL(DTL/DT)				40	只		铜电缆用4只DT
12		电缆保护钢管	φ32				6	m		上杆
13		电缆保护钢管	φ32				90	m		过路、串户
14		电缆上墙支架	KBG5-100	图7-9		铁附件	8	副	0.62	
15		膨胀螺栓	M12×80/100			铁附件	32	个		
16		CPVC穿线管	φ32				14	m		
17		CPVC穿线管管卡	φ32				20	个		
18		CPVC管弯头	φ32 90°				12	个		
19	500107558	电缆分支箱	进线隔离开关630A,出线塑壳断路器,4×250A,304不锈钢,挂墙式、户外	G002-500107558-00003			2	面		
20	500136016	电表箱	电能计量箱,单相,6,不锈钢,40A,悬挂式	G002-500135928-00001			2	个		
21		接地装置		图9-2、图9-3		铁附件	4	套	14.55	

图 7-7 380V 电缆直埋接户至电缆分支箱示意图(15m)

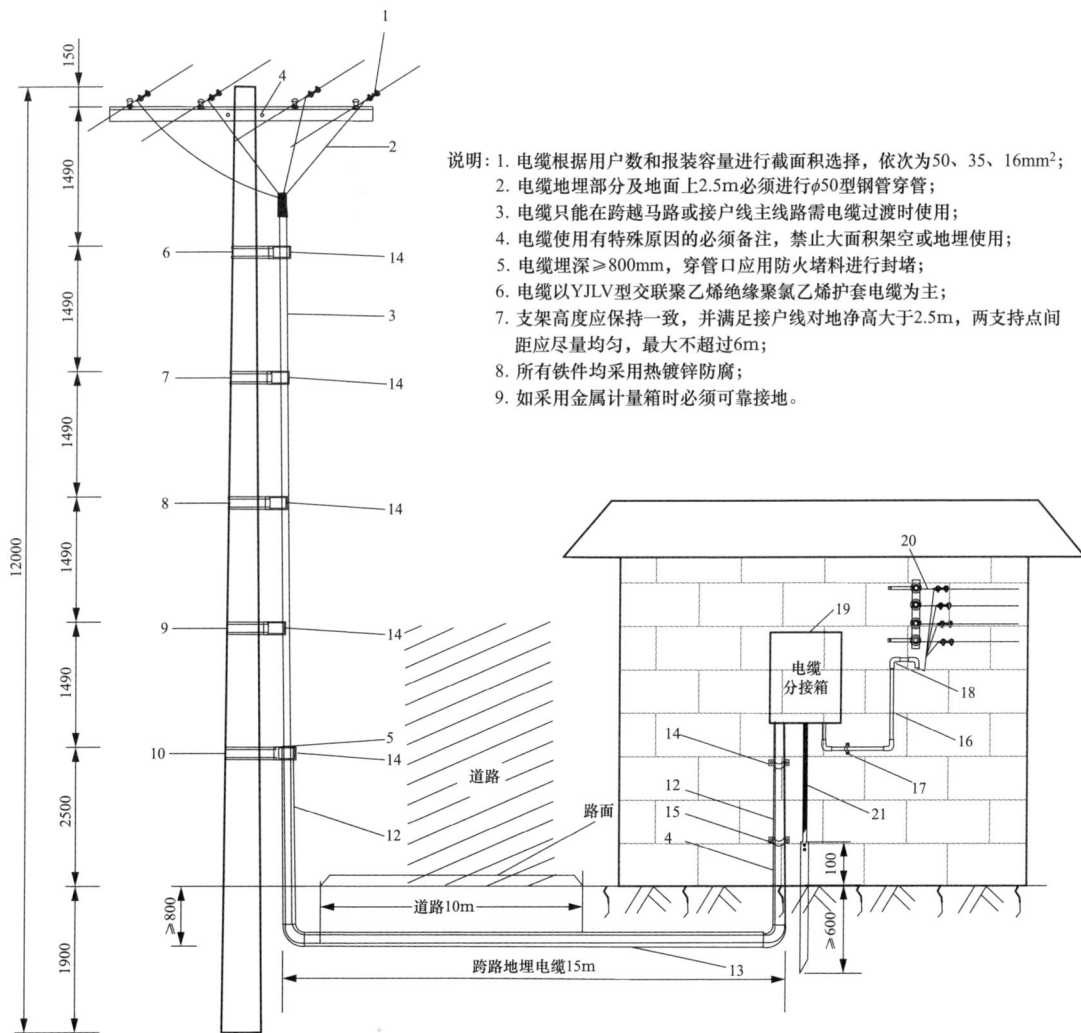

说明：1. 电缆根据用户数和报装容量进行截面积选择，依次为50、35、16mm²；
2. 电缆地埋部分及地面上2.5m必须进行φ50型钢管穿管；
3. 电缆只能在跨越马路或接户线主线路需电缆过渡时使用；
4. 电缆使用有特殊原因的必须备注，禁止大面积架空或地埋使用；
5. 电缆埋深≥800mm，穿管口应用防火堵料进行封堵；
6. 电缆以YJLV型交联聚乙烯绝缘聚氯乙烯护套电缆为主；
7. 支架高度应保持一致，并满足接户线对地净高大于2.5m，两支持点间距应尽量均匀，最大不超过6m；
8. 所有铁件均采用热镀锌防腐；
9. 如采用金属计量箱时必须可靠接地。

材料表

编号	物料编码	材料名称	规格型号	加工图图号	固化ID	材料类型	数量	单位	单重(kg)	备注
1		线夹	JH线夹				8	只		四色绝缘罩
2	500052372	低压电缆终端头	1kV电缆终端，4×70，户外终端，冷缩，铜		9906-50013 2754-00001		2	套		据实际要求选取
3	500132455	低压电缆	低压电力电缆，YJLV，铝，70，4芯，ZC，无铠装，普通		9995-50013 2455-00001		26	m		据实际要求选取
4		电缆保护钢管	φ32				2	m		上墙
5		封堵料	FZ D-II型				2	kg		
6		电缆固定支架	DBG 6-200	图7-9		铁附件	1	副	3.71	包含固定电缆端
7		电缆固定支架	DBG 6-220	图7-9		铁附件	1	副	3.87	包含固定电缆端
8		电缆固定支架	DBG 6-240	图7-9		铁附件	1	副	4.05	包含固定电缆端
9		电缆固定支架	DBG 6-260	图7-9		铁附件	1	副	4.23	包含固定电缆端
10		电缆固定支架	DBG 6-280	图7-9		铁附件	1	副	4.41	包含固定电缆端
11		铜铝过渡接线端子	DL（DTL/DT）				8	只		铜电缆用4只DT
12		电缆保护钢管	φ32				3	m		上杆
13		电缆保护钢管	φ32				15	m		过路
14		电缆上墙支架	KBG5-100	图7-9		铁附件	2	副	0.62	
15		膨胀螺栓	M12×80/100			铁附件	8	个		
16		CPVC穿线管	φ32				4	m		
17		CPVC穿线管管卡	φ32				5	个		
18		CPVC管弯头	φ32 90°				3	个		
19	500107558	电缆分支箱	进线隔离开关630A，出线塑壳断路器，4×250A，304不锈钢，挂墙式，户外		G002-50010 7558-00003		1	面		
20	500014670	架空绝缘导线	架空绝缘导线，AC1kV，JKLYJ，70		A171-50005 7753-00001		20	m		
21		接地装置		图9-2、图9-3		铁附件	1	套	14.55	

图 7-8　380V 电缆转架空方式示意图（12m）

说明：1. 电缆根据用户数和报装容量进行截面积选择，依次为50、35、16mm²；
2. 电缆地埋部分及地面上2.5m必须进行φ50型钢管穿管；
3. 电缆只能在跨越马路或接户线主线路需电缆过渡时使用；
4. 电缆使用有特殊原因的必须备注，禁止大面积架空或地埋使用；
5. 电缆埋深≥800mm，穿管口应用防火堵料进行封堵；
6. 电缆以YJLV型交联聚乙烯绝缘聚氯乙烯护套电缆为主；
7. 支架高度应保持一致，并满足接户线对地净高大于2.5m，两支持点间距应尽量均匀，最大不超过6m；
8. 所有铁件均采用热镀锌防腐；
9. 如采用金属计量箱时必须可靠接地。

材料表

编号	物料编码	材料名称	规格型号	加工图图号	固化ID	材料类型	数量	单位	单重(kg)	备注
1		线夹	JH线夹				8	只		四色绝缘罩
2	500052372	低压电缆终端头	1kV电缆终端，4×70，户外终端，冷缩，铜		9906-50013 2754-00001		2	套		据实际要求选取
3	500132455	低压电缆	低压电力电缆，YJLV，铝，70，4芯，ZC，无铠装，普通		9995-50013 2455-00001		26	m		据实际要求选取
4		电缆保护钢管	φ32				2	m		上墙
5		封堵料	FZ D-II型				2	kg		
6		电缆固定支架	DBG 6-220	图7-9		铁附件	1	副	3.71	包含固定电缆端
7		电缆固定支架	DBG 6-240	图7-9		铁附件	1	副	3.87	包含固定电缆端
8		电缆固定支架	DBG 6-260	图7-9		铁附件	1	副	4.05	包含固定电缆端
9		电缆固定支架	DBG 6-280	图7-9		铁附件	1	副	4.23	包含固定电缆端
10		电缆固定支架	DBG 6-300	图7-9		铁附件	1	副	4.41	包含固定电缆端
11		铜铝过渡接线端子	DL(DTL/DT)				8	只		铜电缆用4只DT
12		电缆保护钢管	φ32				3	m		上杆
13		电缆保护钢管	φ32				15	m		过路
14		电缆上墙支架	KBG5-100	图7-9		铁附件	2	副	0.62	
15		膨胀螺栓	M12×80/100			铁附件	8	个		
16		CPVC穿线管	φ32				4	m		
17		CPVC穿线管管卡	φ32				5	个		
18		CPVC管弯头	φ32 90°				3	个		
19	500107558	电缆分支箱	进线隔离开关630A，出线塑壳断路器，4×250A，304不锈钢，挂墙式，户外		G002-50010 7558-00003		1	面		
20	500014670	架空绝缘导线	架空绝缘导线，AC1kV，JKLYJ，70		A171-50005 7753-00001		20	m		
21		接地装置		图9-2、图9-3		铁附件	1	套	14.55	

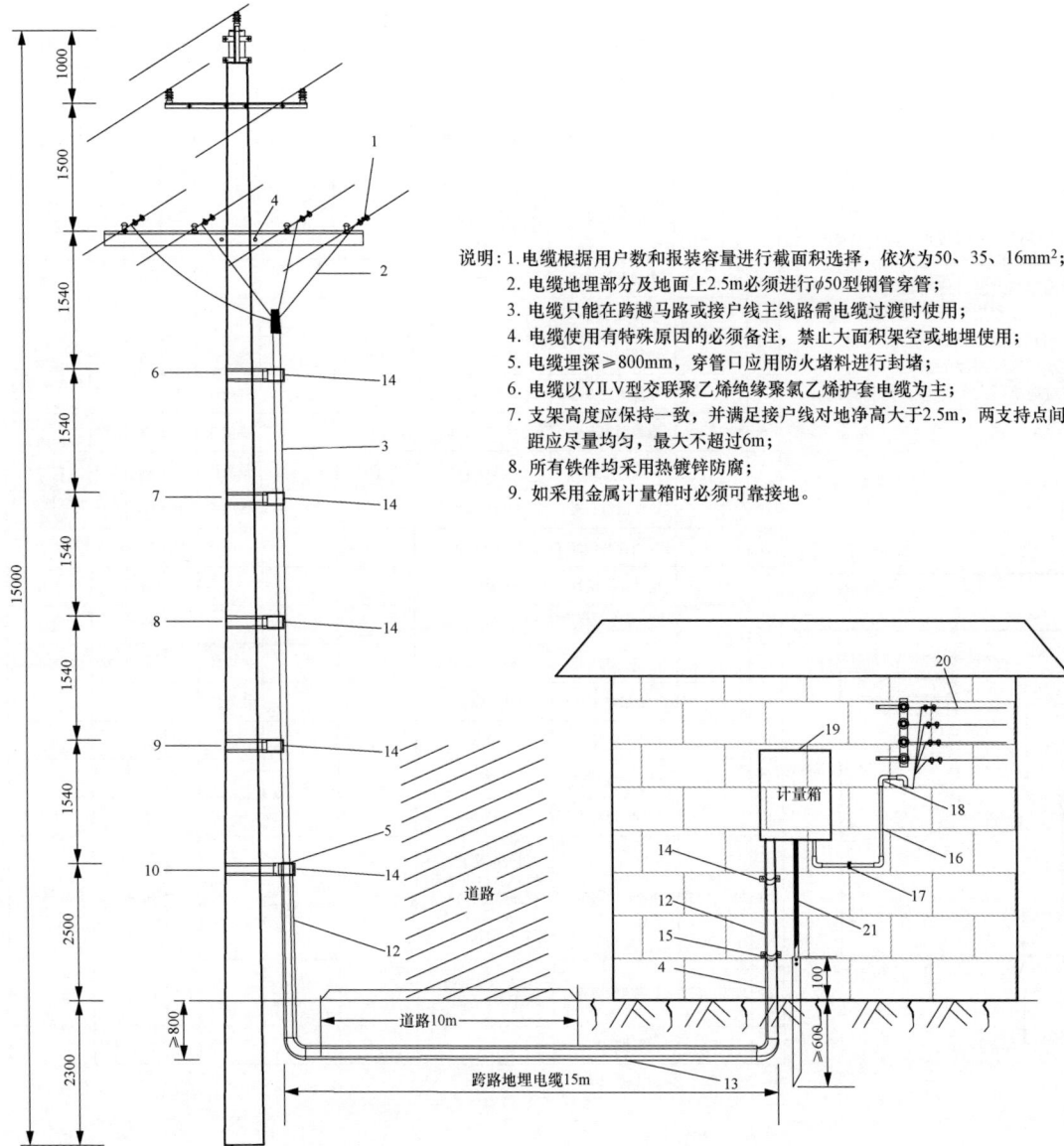

图 7-9　380V 电缆转架空方式示意图（15m）

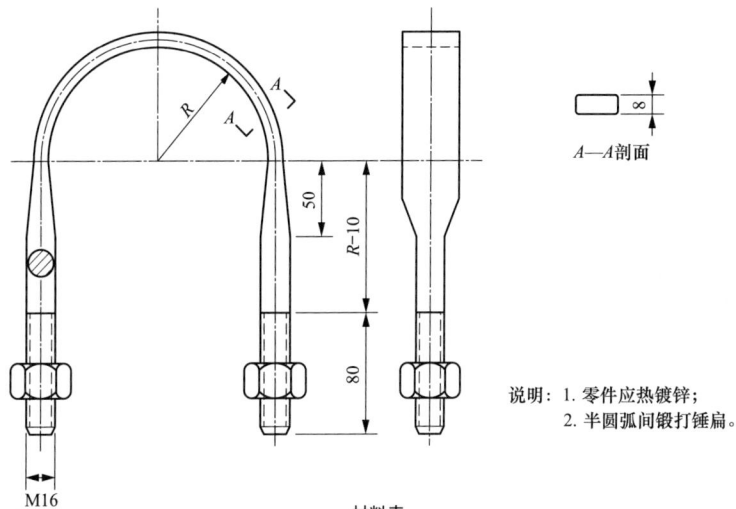

说明: 1. 零件应热镀锌;
2. 半圆弧间锻打锤扁。

材料表

规格 (mm)		材料名称	材料规格	下料长度 L (mm)	数量(根/只)		单重 (kg)		单套重量 (kg)	备注
型号	半径R				钢材	螺母	钢材	螺母		
φ163	81	圆钢	φ16	584	1	2	0.93	0.10	1.03	
φ200	100	圆钢	φ16	679	1	2	1.07	0.10	1.17	
φ220	110	圆钢	φ16	731	1	2	1.16	0.10	1.26	
φ230	115	圆钢	φ16	756	1	2	1.20	0.10	1.30	
φ250	125	圆钢	φ16	808	1	2	1.28	0.10	1.38	
φ270	135	圆钢	φ16	859	1	2	1.36	0.10	1.46	
φ280	140	圆钢	φ16	885	1	2	1.40	0.10	1.50	
φ300	150	圆钢	φ16	936	1	2	1.48	0.10	1.58	
φ320	160	圆钢	φ16	988	1	2	1.56	0.10	1.66	
φ350	175	圆钢	φ16	1065	1	2	1.68	0.10	1.78	
φ380	190	圆钢	φ16	1142	1	2	1.80	0.10	1.90	
φ400	200	圆钢	φ16	1193	1	2	1.88	0.10	1.98	

图 7-10 U形抱箍制造图

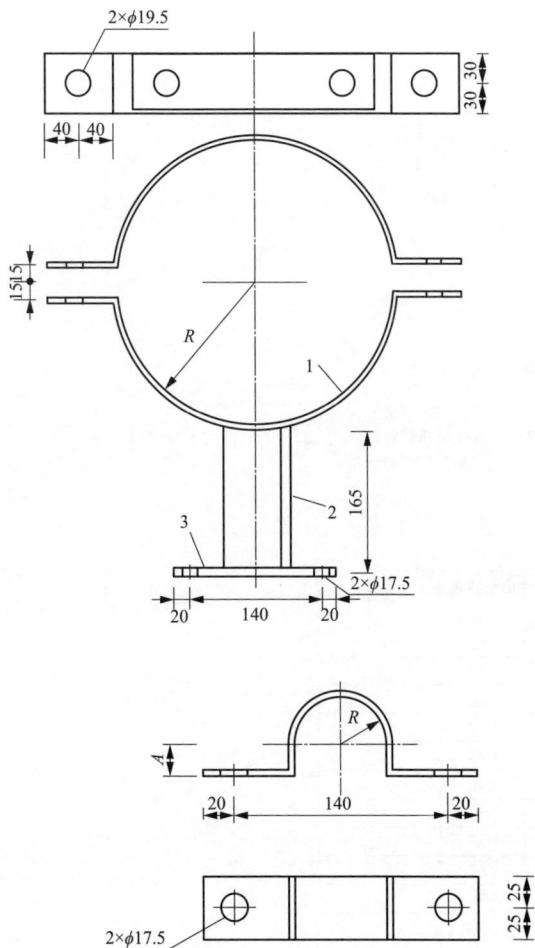

电缆固定支架选用表

型号	R (mm)	下料长度 L (mm)	单重 (kg)	单位 (副)	总重 (kg)
DBG6-160	80	390	1.10	1	3.17
DBG6-200	100	457	1.29	1	3.55
DBG6-210	150	470	1.33	1	3.63
DBG6-220	110	484	1.37	1	3.71
DBG6-240	120	514	1.45	1	3.87
DBG6-260	130	545	1.54	1	4.05
DBG6-280	140	576	1.63	1	4.23
DBG6-300	150	608	1.72	1	4.41
DBG6-320	160	638	1.81	1	4.59

模块十材料表

编号	名称	设备材料型号	单位	数量	重量 (kg)	备注
1	扁钢	—60×6×L	块	2	见上表	
2	角铁	∠50×5×165	块	1	0.62	
3	扁铁	—50×5×180	块	1	0.35	

选用表

型号	R (mm)	A	规格	长度 (mm)	单位 (块)	总重 (kg)
KBG5-50	25	15	—50×5	239	1	0.47
KBG5-70	35	25	—50×5	270	1	0.53
KBG5-90	45	35	—50×5	302	1	0.59
KBG5-100	50	40	—50×5	317	1	0.62

说明：1. 每副支架配8mm膨胀螺栓2套，穿线管放入支架
　　　　槽中两端用膨胀螺栓固定；
　　　2. 表中A指通过圆心且平行于底面铁件的垂直距离。

图 7-11　电缆固定抱箍制造图

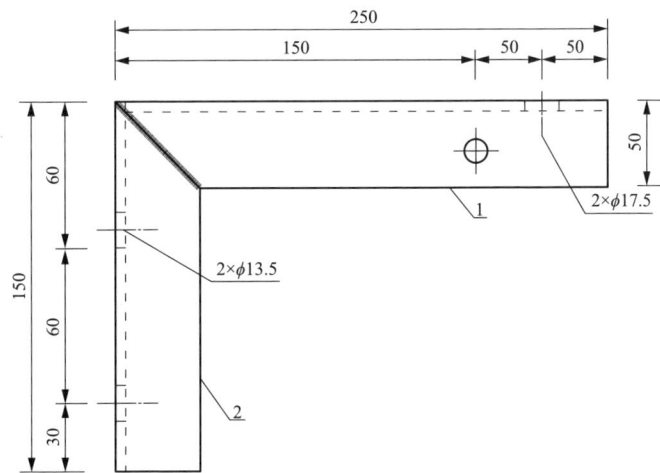

材料表

编号	名称	规格	单位	数量	重量 (kg)	合计 (kg)	备注
1	角钢	∠50×5×250	块	1	0.49	0.79	1根缆
2	角钢	∠50×5×150	块	1	0.3		
3	角钢	∠50×5×450	块	1	0.89	1.48	2根缆
4	角钢	∠50×5×300	块	1	0.59		
5	拉铁L-1	—50×5×L	360	块	1	0.71	墙担拉铁
6	拉铁L-2	—50×5×L	460	块	1	0.91	墙担拉铁

墙担拉铁加工图

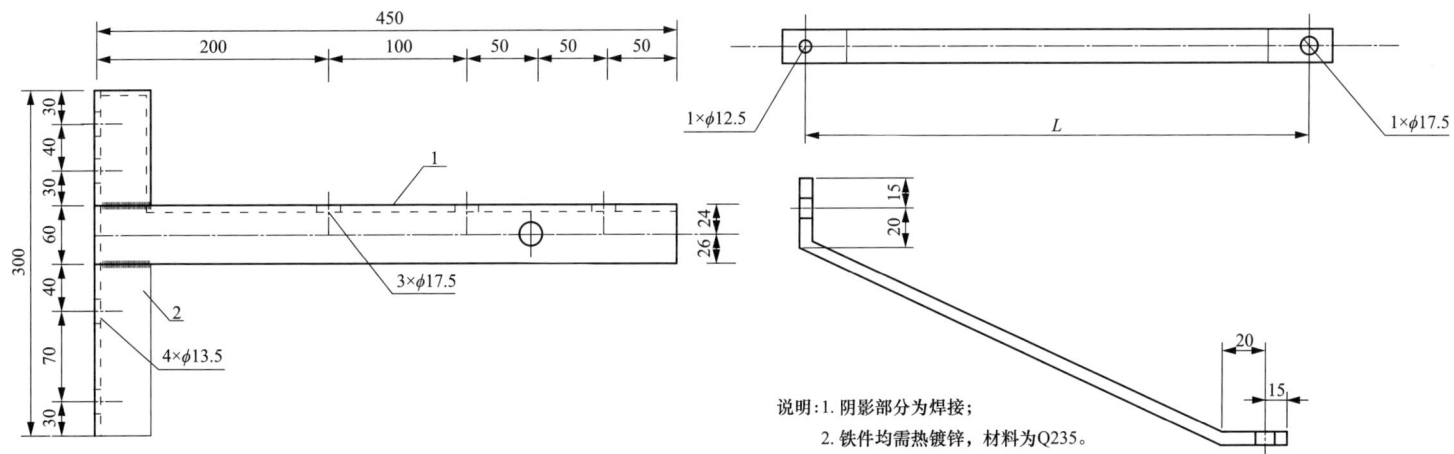

说明：1. 阴影部分为焊接；

2. 铁件均需热镀锌，材料为Q235。

图 7-12　L 型墙担支架制造图

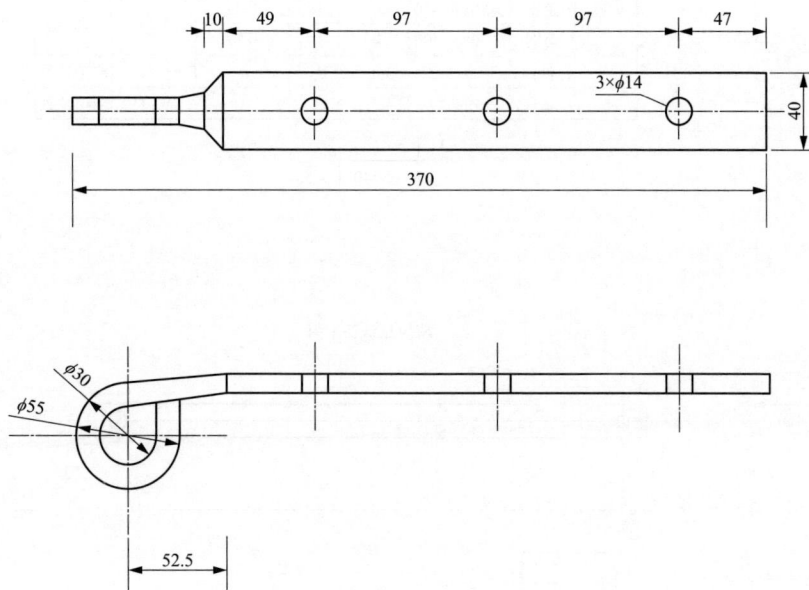

材料表

名称	规格	单位	数量	重量（kg）	备注
扁钢	—10×40×370	块	1	1.16	

说明：铁件均需热镀锌，材料为Q235。

10 49 97 97 47

3×φ14

40

370

φ30

φ55

52.5

图 7-13　有眼拉攀制造图

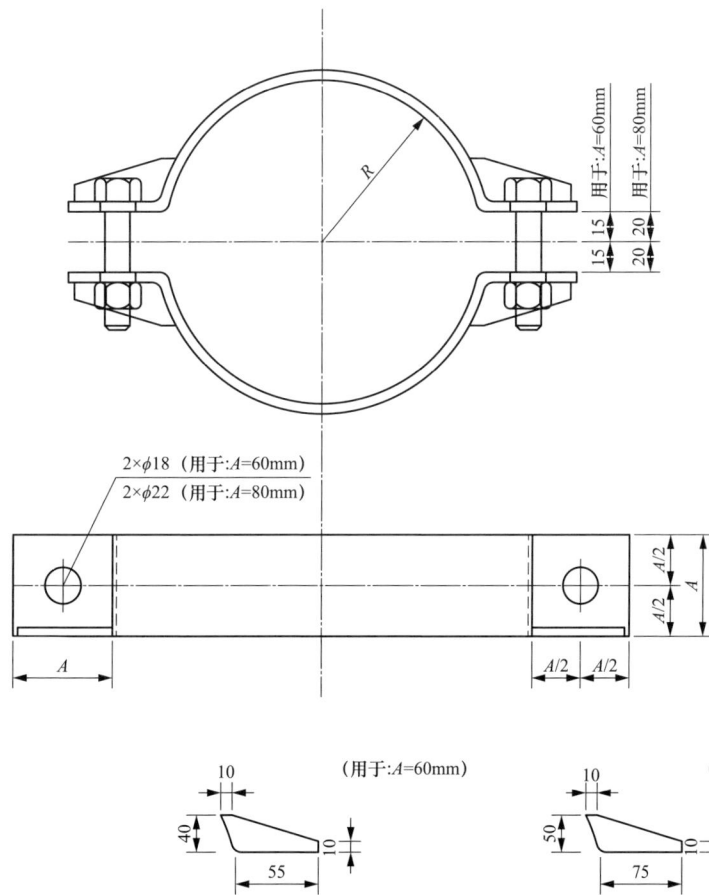

材料表

直径ϕ (mm)	半径R (mm)	A (mm)	编号	材料规格	长度 (mm)	数量 (块)	重量 (kg) 单重	重量 (kg) 合计	适用范围
160	80	60	1	—6×60	350	2	0.99	2.38	
			2	—6×40	55	4	0.10		
170	85	60	1	—6×60	370	2	1.05	2.50	
			2	—6×40	55	4	0.10		
190	95	60	1	—6×60	400	2	1.13	2.66	
			2	—6×40	55	4	0.10		
210	105	60	1	—6×60	430	2	1.22	2.84	
			2	—6×40	55	4	0.10		
230	115	60	1	—6×60	460	2	1.30	3.00	
			2	—6×40	55	4	0.10		
250	125	60	1	—6×60	495	2	1.40	3.20	
			2	—6×40	55	4	0.10		
400	200	80	1	—8×80	760	2	3.82	8.60	
			2	—8×50	75	4	0.24		

用于:A=60mm
用于:A=80mm

15 15
20 20

2×ϕ18 （用于:A=60mm）
2×ϕ22 （用于:A=80mm）

$A/2$ A $A/2$

A

$A/2$ $A/2$

（用于:A=60mm）
10
40
55
10

（用于:A=80mm）
10
50
75
10

螺栓表

规格	数量 （套）	重量 （kg）	备注
M16×80	2	0.38	一母
M20×100	2	0.74	一母
合计		0.38/0.74kg	

图 7-14 拉线抱箍制造图

第 8 章　 380V 楼内接户方式

8.1　设计说明

　　380V 楼内接户方式是将老旧居民楼室外沿墙敷的设架空线，通过接引线引至楼内各分层电表箱内，再由各层新建电表箱引至原各层电表箱处，通过原电表箱处与原各户进线进行相连。本章节选用单个单元 7 层为例，分别设置了 1 梯 2 户、1 梯 3 户、1 梯 4 户进行绘制。接线方式有 2 种，分别是每层接引相互独立和一楼接引，上下楼层通过电缆串联方式连接。

8.1.1　导线选型

　　单元首层以架空线接引至新建表箱，接引导线采用 JKLYJ-1-240 型导线，一梯二户的电缆采用 ZC-YJV-0.6/1-4×50＋1×25，一梯三户的电缆采用 ZC-YJV-0.6/1-4×70＋1×35，一梯四户的电缆采用 ZC-YJV-0.6/1-4×120＋1×70。

8.1.2　截面积选用

　　（1）380V 接户电缆线的导线截面积应根据导线允许载流量选择，每户用电容量可按城镇不低于 5kW、一般乡村不低于 3kW 确定。选择接户线截面积时应留有裕度，以备可预见的户数增加。

　　（2）接户电缆最小截面积不宜小于 35mm^2。

　　（3）中性线（零线）截面积应与相线截面积相同。

8.1.3　接户线装置方式

　　本章节为 380V 楼内接户部分，包含了 380V 居民楼水平布线首层进线。

8.2　设备（装置）的技术要求及说明

　　接户线架设要求如下：

　　（1）低压接户线与建筑物有关部分的距离，不应小于下列数值：

　　1）接户线与下方窗户的垂直距离，0.3m；

　　2）接户线与上方阳台或窗户的垂直距离，0.8m；

　　3）与阳台或窗户的水平距离，0.75m；

　　4）与墙壁、构架的距离，0.05m。

　　（2）低压接户线与弱电线路的交叉距离，不应小于下列数值：

　　1）低压接户线在弱电线路的上方，0.6m；

　　2）低压接户线在弱电线路的下方，0.3m。

　　如不能满足上述要求，应采取隔离措施。

　　（3）接户线与线路导线若为铜铝连接，应有可靠的铜铝过渡措施。不同金属、不同规格、不同绞向的接户线，严禁在档距内连接。跨越通车街道的接户线，不应有接头。

　　（4）沿墙敷设时距天然气水平不小于 0.25m，交叉时净距不小于 0.1m，当明装电线加绝缘套管且套管的两端各伸出燃气管道 10cm 时，套管与燃气管道的交叉净距可降至 1cm（出自 GB 50028—2006）。

8.3　功能要求

　　满足用户需求，经济、安全、可靠，预留发展空间。

8.4　边界条件

　　起于引线 T 接处止于用户电表前端。

8.5　接户方案图纸

　　380V 楼内接户方式设计图如图 8-1～图 8-5 所示。

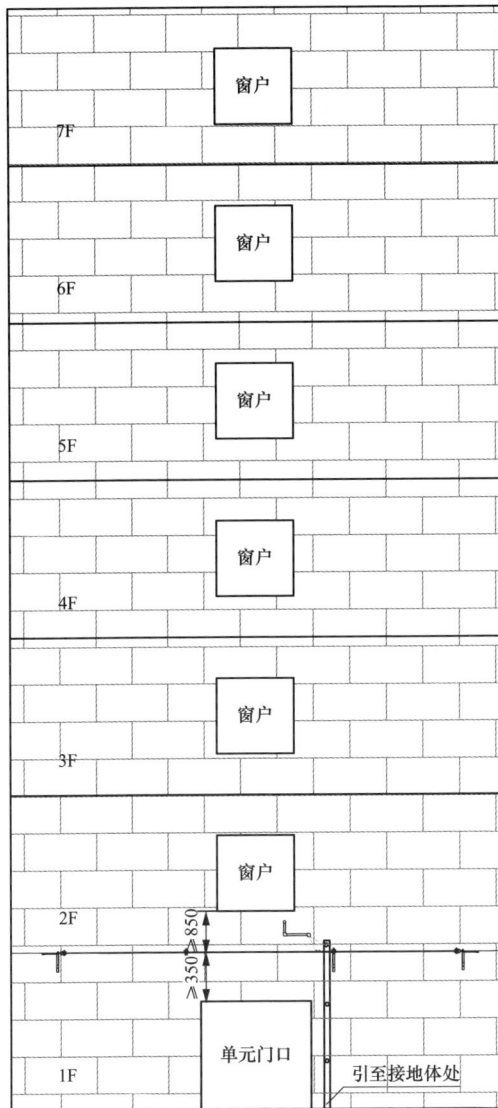

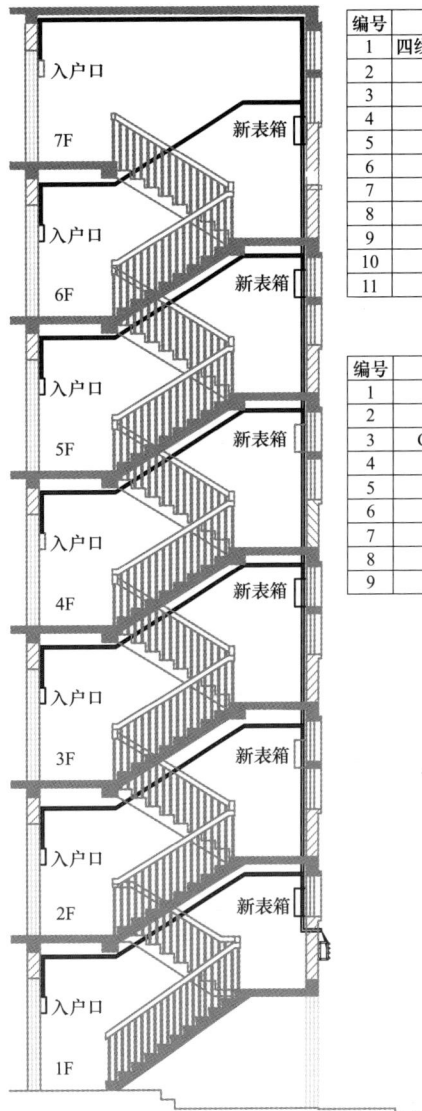

楼外材料表

编号	材料名称	型号规格	单位	数量	铁附件加工图号	备注
1	四线水平布线支架		套	3	图8-4	
2	绝缘子	ED-1	只	12		按实际需求选取
3	斜拉杆	$\phi16\times960$	套	4	图8-5	
4	分相导线	JKLYJ-1-35	根	4		按实际需求选取
5	布电线	布电线, BV, 铜, 2.5, 1	m	56		四色线
6	螺栓	M16×100 (两垫一帽)	套	12		
7	螺栓	M16×40 (两垫一帽)	套	4		
8	膨胀螺栓	M12×80/100	只	15		
9	扁钢	—50×5	m	20		按实际需求选取
10	接地装置		套	1	图9-2	
11	线夹	JH线夹	只	8		四色绝缘罩

楼内材料表

编号	材料名称	型号规格	单位	数量	铁附件加工图号	备注
1	4位表箱		套	7		按实际需求选取
2	CPVC管	$\phi50$	m	5		
3	CPVC管弯头	$\phi50\ 90°$	个	4		
4	分相导线	JKLYJ-1-35	根	4		按实际需求选取
5	桥架	200×150	m	18		每层3m
6	桥架	150×100	m	70		每层10m
7	电缆	ZC-YJV-0.6/1-4×50+1×25	m	25		每层5m
8	电缆终端	户内, 冷缩4×50+1×25	套	10		
9	导线	BV-10	m	420		每户30m

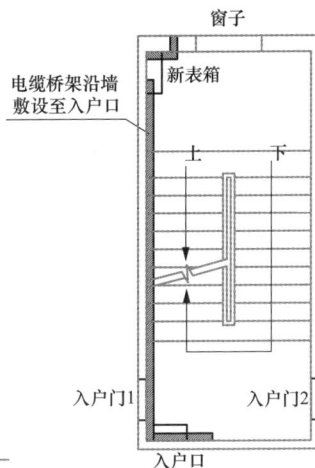

图 8-1 380V 居民楼水平布线首层进线 (一梯二户)

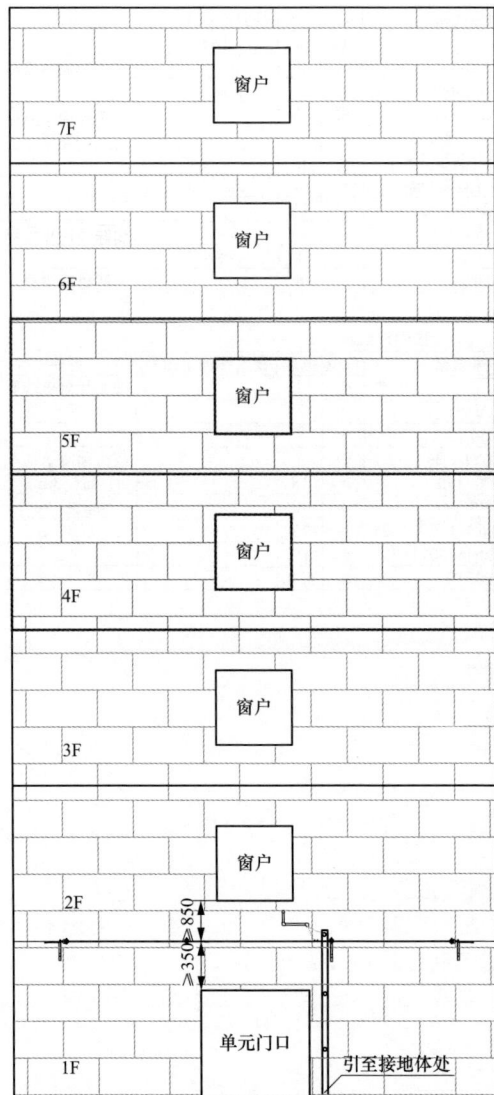

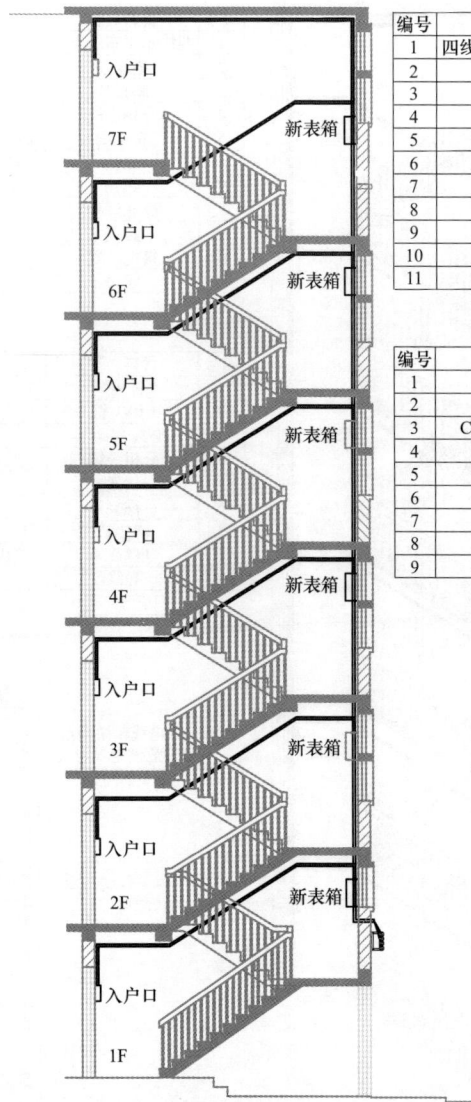

楼外材料表

编号	材料名称	型号规格	单位	数量	铁附件加工图号	备注
1	四线水平布线支架		套	3	图8-4	
2	绝缘子	ED-1	只	12		按实际需求选取
3	斜拉杆	$\phi16\times960$	套	4	图8-5	
4	分相导线	JKLYJ-1-35	根	4		按实际需求选取
5	布电线	布电线，BV，铜，2.5，1	m	56		四色线
6	螺栓	M16×100（两垫一帽）	套	12		
7	螺栓	M16×40（两垫一帽）	套	4		
8	膨胀螺栓	M12×80/100	只	15		
9	扁钢	—50×5	m	20		按实际需求选取
10	接地装置		套	1	图9-2	
11	线夹	JH线夹	只	8		四色绝缘罩

楼内材料表

编号	材料名称	型号规格	单位	数量	铁附件加工图号	备注
1	4位表箱		套	7		按实际需求选取
2	CPVC管	$\phi50$	m	5		
3	CPVC管弯头	$\phi50\ 90°$	个	4		
4	分相导线	JKLYJ-1-35	根	4		按实际需求选取
5	桥架	200×150	m	18		每层3m
6	桥架	150×100	m	70		每层10m
7	电缆	ZC-YJV-0.6/1-4×70+1×35	m	25		每层5m
8	电缆终端	户内，冷缩4×70+1×35	套	10		
9	导线	BV-10	m	630		每户30m

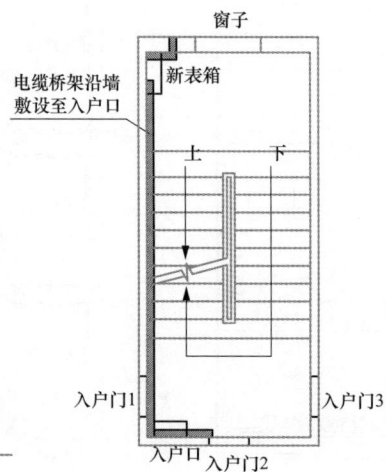

图 8-2 380V居民楼水平布线首层进线（一梯三户）

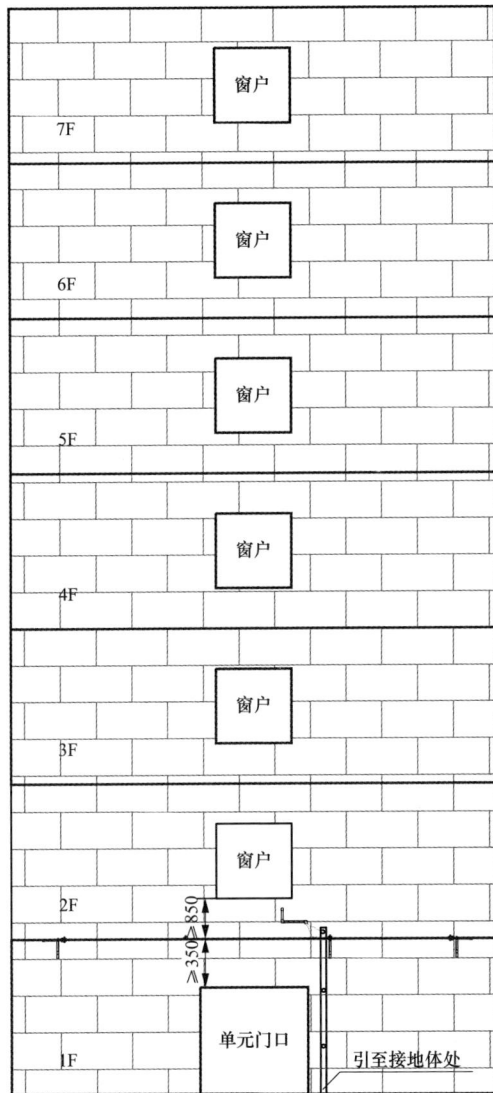

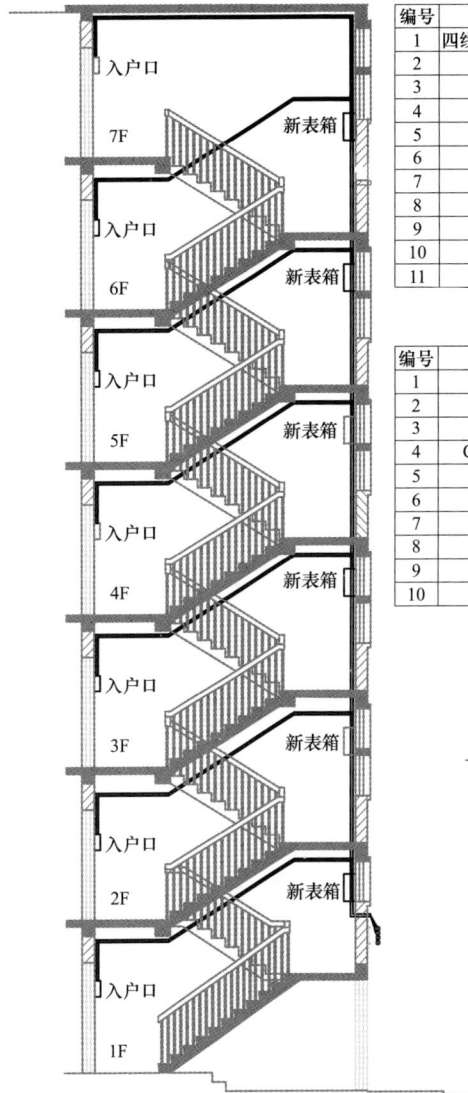

楼外材料表

编号	材料名称	型号规格	单位	数量	铁附件加工图号	备注
1	四线水平布线支架		套	3	图8-4	
2	绝缘子	ED-1	只	12		按实际需求选取
3	斜拉杆	$\phi16\times960$	套	4	图8-5	
4	分相导线	JKLYJ-1-35	根	4		按实际需求选取
5	布电线	布电线，BV，铜，2.5，1	m	56		四色线
6	螺栓	M16×100（两垫一帽）	套	12		
7	螺栓	M16×40（两垫一帽）	套	4		
8	膨胀螺栓	M12×80/100	只	15		
9	扁钢	—50×5	m	20		按实际需求选取
10	接地装置		套	1	图9-2	
11	线夹	JH线夹	只	8		四色绝缘罩

楼内材料表

编号	材料名称	型号规格	单位	数量	铁附件加工图号	备注
1	4位表箱		套	7		按实际需求选取
2	1位表箱		套	1		按实际需求选取
3	CPVC管	$\phi50$	m	5		
4	CPVC管弯头	$\phi50$ 90°	个	4		
5	分相导线	JKLYJ-1-35	根	4		按实际需求选取
6	桥架	200×150	m	18		每层3m
7	桥架	150×100	m	70		每层10m
8	电缆	ZC-YJV-0.6/1-4×120+1×70	m	25		每层5m
9	电缆终端	户内，冷缩4×120+1×70	套	10		
10	导线	BV-10	m	840		每户30m

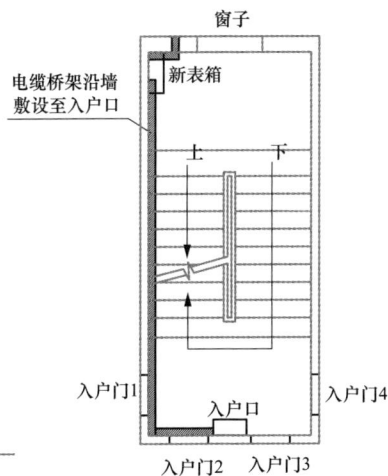

图8-3　380V居民楼水平布线首层进线（一梯四户）

四线垂直布线支架材料表

名称	材料型号	单位	数量	单重（kg）	合计（kg）	合计（kg）
直线支架角钢	∠50×5×600	根	2	2.27	4.54	
直线支架角钢	∠50×5×200	根	2	0.76	1.52	7.04
圆钢	φ16×310	根	2	0.49	0.98	

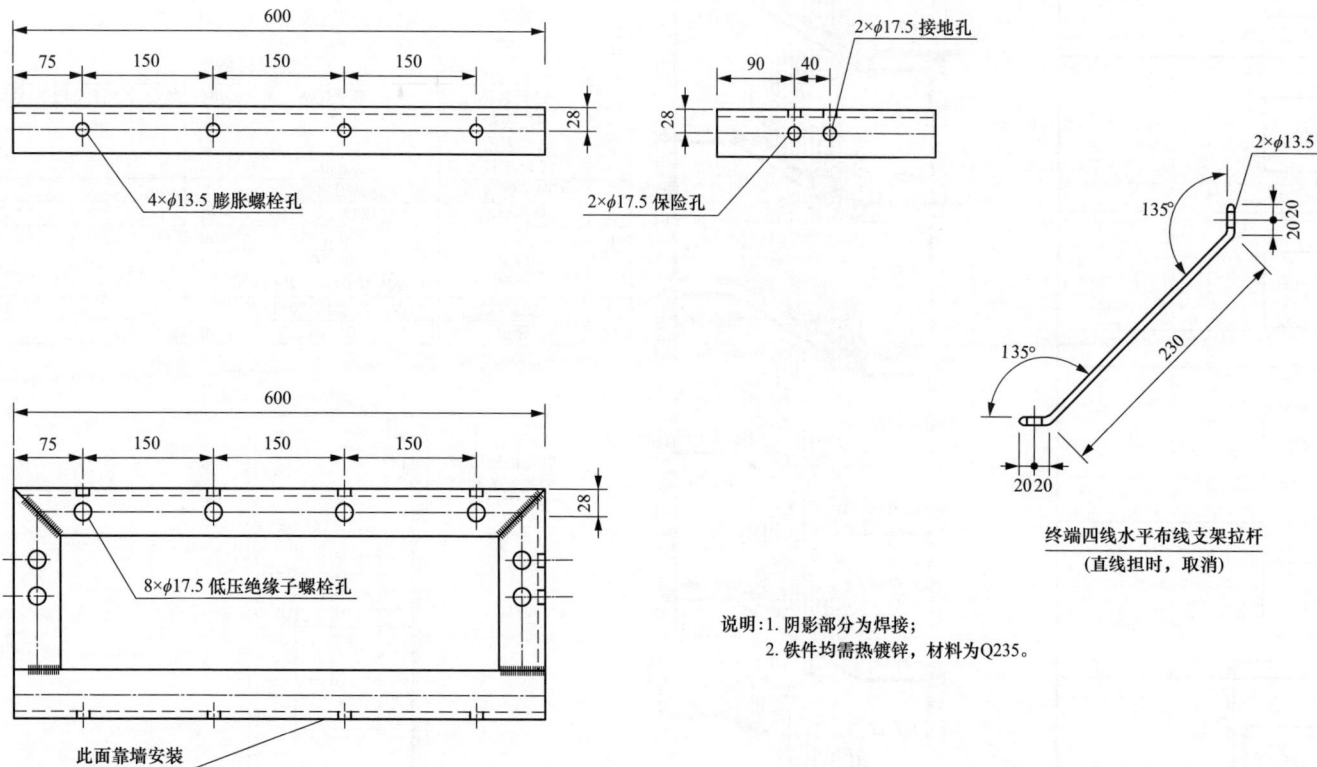

600
75　150　150　150
28

4×φ13.5 膨胀螺栓孔

2×φ17.5 接地孔
90　40
28

2×φ17.5 保险孔

600
75　150　150　150
28

8×φ17.5 低压绝缘子螺栓孔

此面靠墙安装

2×φ13.5
135°
20 20
230
135°
20 20

终端四线水平布线支架拉杆
（直线担时，取消）

说明：1. 阴影部分为焊接；
　　　2. 铁件均需热镀锌，材料为Q235。

图 8-4　四线垂直布线沿墙敷设支架及其附件制造图

材料表

名称	规格	单位	数量	单重（kg）	合计（kg）	备注
角钢	∠50×5×740	块	1	2.79		
角钢	∠50×5×450	块	1	1.70		
角钢	∠50×5×460	块	1	1.74	15.91	
圆钢	φ16×960	块	1	1.52		直线时该项取消
N形拉板	—60×8×270	块	8	1.02		

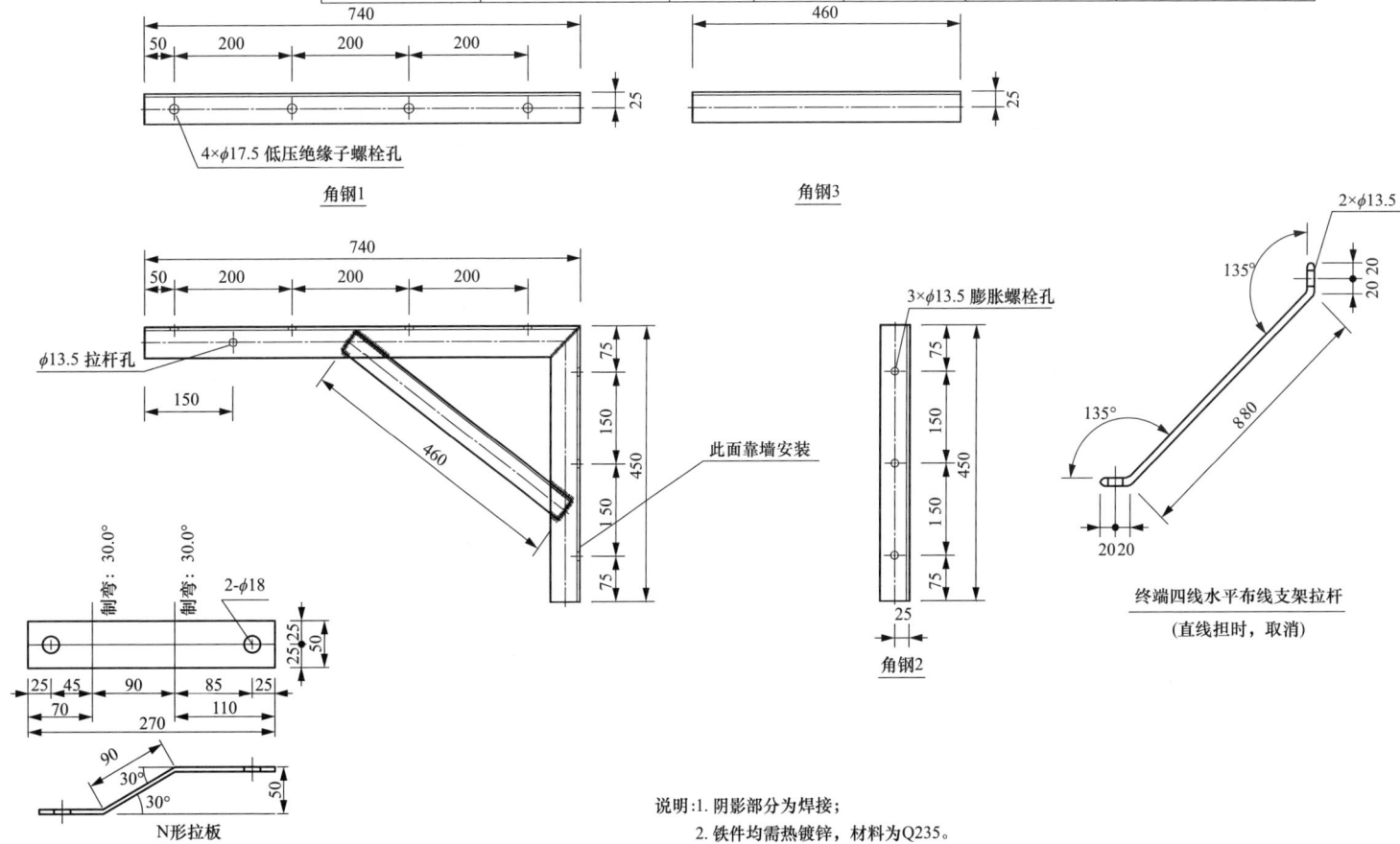

4×φ17.5 低压绝缘子螺栓孔

角钢1

角钢3

φ13.5 拉杆孔

此面靠墙安装

3×φ13.5 膨胀螺栓孔

2×φ13.5

终端四线水平布线支架拉杆
（直线担时，取消）

制弯：30.0°

2-φ18

N形拉板

角钢2

说明：1. 阴影部分为焊接；
2. 铁件均需热镀锌，材料为Q235。

图 8-5　四线水平布线沿墙敷设支架制造图

第 9 章 防 雷 及 接 地

9.1 设计依据

380/220V 架空配电线路防雷与接地的设计，主要依据 GB/T 50065《交流电气装置的接地设计规范》、DL/T 5220《10kV 及以下架空配电线路设计技术规程》、DL/T 499《农村低压电力技术规程》、GB 50173《电气装置安装工程 66kV 及以下架空电力线路施工及验收规范》、GB 50169《电气装置安装工程 接地装置施工及验收规范》。

9.2 防雷措施

（1）多雷区，为防止雷电波或 380/220V 侧雷电波击穿配电变压器高压侧的绝缘，宜在 380/220V 侧装设避雷器或击穿熔断器。如低压侧中性点不接地，应在低压侧中性点装设击穿熔断器。

（2）为防止雷电波沿 380/220V 绝缘线路侵入建筑物，接户线上绝缘子铁脚宜接地，其接地电阻不大于 30Ω。年平均雷暴日数不超过 30 日/年的地区和 1kV 以下配电线被建筑物屏蔽的地区以及接户线与 1kV 以下干线接地点的距离不大于 50m 的地区，绝缘子铁脚可不接地。

9.3 接地方式选择

（1）农村 380/220V 电力网宜采用 TT 系统；城镇电力用户宜采用 TN-C 系统；对安全有特殊要求的可采用 IT 系统。同一 380/220V 电力网中不应采用两种保护接地方式。380/220V 配电网采用 TT 系统时，应采取分级保护，应配置中级剩余电流保护动作装置，按照 Q/GDW 10370《配电网技术导则》、Q/GDW 11008《低压计量箱技术规范》执行。

（2）采用 TN-C 系统时，1kV 以下配电线路中的零线，应在电源点接地，在干线和分干线终端处，应重复接地。在配电线路引入大型建筑物处，如距接地点超过 50m，应将零线重复接地。为了保证在故障时保护中性线的电位尽可能保持接近大地电位，保护中性线应均匀分配地重复接地。

总容量为 100kVA 以上的变压器，其接地装置的接地电阻不应大于 4Ω，每个重复接地装置的接地电阻不应大于 10Ω。总容量为 100kVA 及以下的变压器，其接地装置的接地电阻不应大于 10Ω，每个重复接地装置的接地电阻不应大于 30Ω，且重复接地不应少于 3 处。

9.4 接地体装设要求及型式

（1）接地体的埋设深度应不小于 0.6m（对于永冻土地区应敷设深钻式接地极，或充分利用井管或其他深埋地下的金属构件作为接地极，还应敷设深垂直接地极，其深度应保证深入冻土层下面的土壤至少 0.5m），接地体与地下（燃气管、送水管等）的间距应满足规程要求。

（2）接地体宜采用垂直敷设或水平敷设，接地体和接地线的最小规格圆钢直径不小于 8mm、扁钢截面积不小于 48mm²，同时厚度不小于 4mm，角钢肢厚不小于 4mm，钢管壁厚不小于 3.5mm，绞线截面积不小于 25mm²。

（3）在腐蚀严重地区，对埋入地下的接地极宜采取适合当地条件的防腐蚀措施，接地线与接地极或接地极之间的焊接点应涂防腐材料。

（4）本图册选用 2 种形式，均为垂直敷设。如图 9-1～图 9-3 所示。

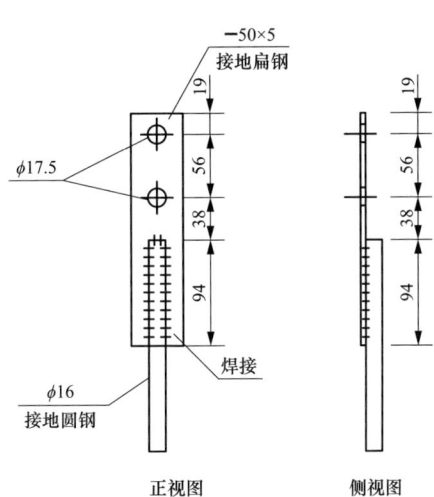

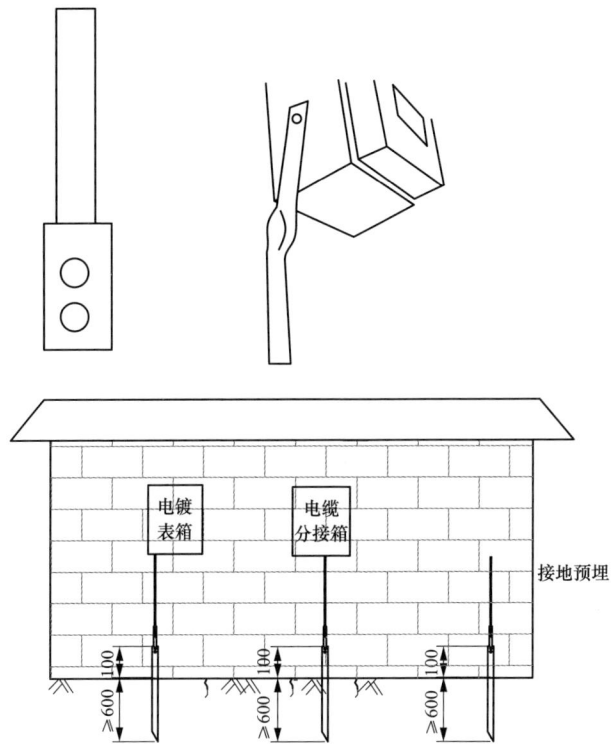

説明：1. 接地体的埋设深度应不小于0.6m（对于永冻土地区应敷设深钻式接地极，
　　　或充分利用井管或其他深埋地下的金属构件作为接地极，还应敷设深垂直
　　　接地极，其深度应保证深入冻土层下面的土壤至少0.5m），接地体与地下
　　　（燃气管、送水管等）的间距应满足规程要求；
　　2. 新建房屋表箱接地预埋要求接地点距地面不小于2m，接地体埋深不小于
　　　600mm，接地扁铁可拆卸面距地面100mm。

图 9-1　表箱、分支箱接地示意图

说明：角钢部分埋入地下，扁钢部分与分接箱或
　　　电表箱连接为地面部分。

材料一览表

材料规格	长度（mm）	数量	重量（kg）		备注
			单重	小计	
∠50×5×2500	2500	1	9.43	9.43	
—40×4×100	100	1	0.13	0.13	
合计			9.56kg		

焊接点

40

100

2500

50

40

100

50

2500

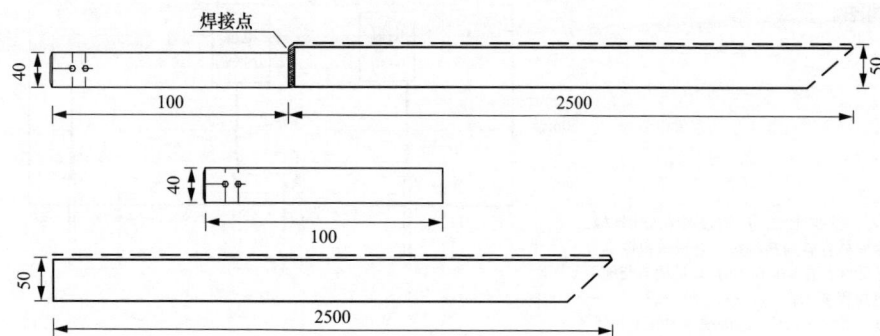

图 9-2　接地体 I 加制造图

材料一览表

序号	材料规格	长度（mm）	数量	重量（kg）		备注
				单重	小计	
1	φ50	2500	1	12.20	12.20	
2	φ12	2200	1	1.95	1.95	
3	—4×40	320	1	0.40	0.40	
合计		14.55				

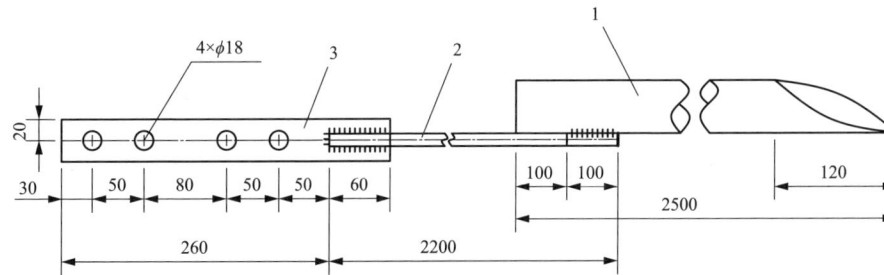

说明:1. 钢管与圆钢焊缝长度L=100mm，焊缝距钢管端头100mm；
　　　2. 圆钢与扁铁焊缝长度L=60mm。

图 9-3　接地体 Ⅱ 制造图

第 10 章　架空配电网接户线典型安装图册设计实施方案

10.1　架空配电网接户线典型安装图册设计背景

甘肃省东部地区城市大多为河谷狭长地带，沿河两岸建设，城市东西跨距大，南北跨距小，人员密度较大，形成空间拥挤的城中村。受城市规划建设限制，随着人口增长，城区周边的城乡接合部与城中村类似，人口密集，建筑随原始巷道错综复杂，致使可利用公共区域逐步减少。

与平原地带不同，甘肃省东部地区城市内部巷道、城中村、城乡接合部等区域的台区布置、低压线路、户表安装及下户接线，需要在典型设计的基础上进行深化设计，因地制宜，统称低压架空配电网接户线典型安装图册设计。

目前，各电压等级的架空线路均使用国家电网有限公司的各种通用设计或典型设计。通用设计或典型设计在编制过程中，出于通用性的角度，一般考虑80%左右的覆盖程度，对于配电网的实际建设条件，往往不在设计范围内。

10.2　架空配电网接户线典型安装图册设计内容

10.2.1　景区村落（崆峒区小岔村）

风景区村落、巷道建筑结构复杂，存在保护性建筑及景观美化建筑。针对此区域，低压台区的选择及户表安装方式为架空配网接户线典型安装图册设计主体。在满足可靠供电的基础上，选用景观型箱式变压器、电缆分接箱，以低压电缆为主要供电线路。

本区域宜选用第7章的接户方案。住户集中且密集，宜采用挂墙式电缆分支箱接户。主干电缆选用铜芯240mm² 型电缆，分支电缆采用铜芯70mm² 电缆，住户采用铜芯35mm²/35mm² 电缆。电缆分支箱电源宜由箱式变压器低压柜/低压综合配电箱引出。

10.2.2　城中村（静宁县东关村）

城区内部村落、巷道的居民自建房屋结构以红砖、混凝土为主体，中心巷道串联多个狭小巷道。针对中心街道宽敞，可立杆架线，狭小巷道建筑密集的区域，低压架空方式与户表安装为架空配电网接户线典型安装图册设计主体。中心街道按照典型设计结合实际情况，选用砼杆布线，狭小巷道选取结构稳定的混凝土建筑安装墙担布线。

本区域宜选第3~8章的接户方案。

10.2.2.1　住户集中且密集，组立混凝土杆无困难时

1. 架空接入用户

采用四线架空到用户旁，再由架空式接入低压用户。四线多用户集中下户宜采用35mm² 绝缘导线，两线单用户下线宜采用35mm² 绝缘导线。蝴蝶型绝缘子采用ED-2。

2. 杆上计量接入用户

采用四线架空到用户旁，再由杆上接入低压用户。下户线宜采用35mm² 绝缘导线/低压电力电缆引入低压计量箱内。用户表后引出线杆上固定蝴蝶绝缘子宜采用ED-2。

10.2.2.2　住户集中且密集，组立混凝土杆困难时

1. 采用四线架空式引入墙担，再由墙担布线分别接入低压用户。墙担布线宜选用120、70、35mm² 架空线，蝶式绝缘子分别采用ED-2。用户计量箱宜采用35mm² 绝缘导线。

2. 采用二线架空式引入墙担再由墙担布线分别接入低压用户。墙担布线宜选用35mm² 架空线，蝶式绝缘子分别采用ED-2。用户计量箱宜采用35mm² 绝缘导线。

10.2.2.3　住户分散

采用二线架空式接入低压用户。墙担布线宜选用35mm² 架空线，蝶式绝缘子分别采用ED-2。用户计量箱宜采用35mm² 绝缘导线。

10.2.3　城乡接合部（庄浪县孙庄村）

具有前期规划，建筑排布整齐，巷道宽度前后一致，居民建筑高度存在差异。针对此类区域，受空间限制，低压架空线路无法立杆布线，架空墙担安装方式为架空配电网接户线典型安装图册设计主体。居民房屋高度不一，墙体外安装排水、燃气等管道，在满足电力线路与其他管道安全距离的基础上，选择多种形式墙担、架空布线。本区域宜选第3、5、7章的接户方案。

墙担根据现场实际情况可选用垂直排列型和水平排列型。

采用四线架空式引入墙担，再由墙担布线分别接入低压用户。墙担布线宜选用120、70、35mm² 绝缘导线，蝶式绝缘子分别采用ED-2。用户计量箱宜采用35mm² 绝缘导线；采用二线架空式引入墙担，再由墙担布线分别接入低

压用户。墙担布线宜选用 35mm² 绝缘导线，蝶式绝缘子分别采用 ED-2。用户计量箱宜采用 35mm² 绝缘导线。

采用电缆直埋过路接入墙担线路，根据后面所带用户的实际数量，选用铜芯 70mm² 低压电力电缆及墙担导线的大小 70、35mm² 绝缘导线，蝴蝶型绝缘子选用 ED-2。

10.2.4　新农村（崆峒区甘沟路安置区）

统一规划建设的新农村，房屋结构统一，间距相同，总体空间宽敞。针对此类区域，低压台区布置与建筑风格相符的布线形式为架空配电网接户线典型安装图册设计主体。根据实际情况可选用第 3～8 章的接户方案。

10.2.4.1　架空接入用户

采用四线架空到用户旁，再由架空式接入低压用户。四线多用户集中下户宜采用 35mm² 绝缘导线，两线单用户下线宜采用 35mm² 绝缘导线，蝴蝶型绝缘子采用 ED-2。

10.2.4.2　杆上计量接入用户

采用四线架空到用户旁，再由杆上接入低压用户。下户线宜采用 35mm² 绝缘导线/低压电力电缆引入低压计量箱内。用户表后引出线杆上固定蝴蝶绝缘子宜采用 ED-2。

10.2.4.3　墙担走线接入低压用户

墙担根据现场实际情况可选用垂直排列型和水平排列型。

采用四线架空式引入墙担，再由墙担布线分别接入低压用户。墙担布线宜选用 120、70、35mm² 绝缘导线，蝶式绝缘子分别采用 ED-2。用户计量箱宜采用 35mm² 绝缘导线；采用二线架空式引入墙担，再由墙担布线分别接入低压用户。墙担布线宜选用 35mm² 绝缘导线，蝶式绝缘子分别采用 ED-2。用户计量箱宜采用 35mm² 绝缘导线。

采用电缆直埋过路接入墙担线路，根据后面所带用户的实际数量选用铜芯 70mm² 低压电力电缆及墙担导线大小 70、35mm² 的绝缘导线；蝴蝶型绝缘子选用 ED-2。

10.2.4.4　电缆分支箱接入低压用户

电缆分支箱电源侧选用 150、120mm² 铜芯低压电力电缆及墙担导线大小 150、120、70mm² 的绝缘导线/铜芯低压电力电缆（35mm²），蝴蝶型绝缘子选用 ED-2。

10.2.5　原始农村（崇信杨门队科村）

根据实际情况可选用第 3～6 章的接户方案。

10.2.5.1　住户集中且密集

采用四线架空到用户旁，再由架空式接入低压用户。四线多用户集中下户宜采用 35mm² 绝缘导线，两线单用户下线宜采用 35mm² 绝缘导线，蝴蝶型绝缘子采用 ED-2。

10.2.5.2　住户分散

采用四线架空到用户旁，再由架空式接入低压用户。两线单用户下线宜采用 35mm² 绝缘导线，蝴蝶型绝缘子采用 ED-2。